对接世界技能大赛技术标准创新系列教材

技工院校一体化课程教学改革焊接加工专业教材

管道焊接

人力资源社会保障部教材办公室　组织编写

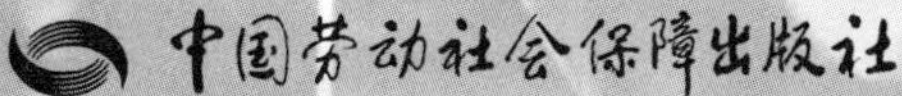

简介

本套教材为对接世赛标准深化一体化专业课程改革焊接加工专业教材，对接世赛焊接项目，学习目标融入世赛要求，学习内容对接世赛技能标准，考核评价方法参照世赛评分方案。

本书主要内容包括燃气管道焊接和供氩管道焊接。

图书在版编目（CIP）数据

管道焊接 / 人力资源社会保障部教材办公室组织编写. -- 北京：中国劳动社会保障出版社，2021
对接世界技能大赛技术标准创新系列教材　技工院校一体化课程教学改革焊接加工专业教材
ISBN 978-7-5167-4910-4

Ⅰ. ①管…　Ⅱ. ①人…　Ⅲ. ①管道焊接 – 技工学校 – 教材　Ⅳ. ①TG457.6

中国版本图书馆 CIP 数据核字（2021）第 163278 号

中国劳动社会保障出版社出版发行
（北京市惠新东街 1 号　邮政编码：100029）
*
北京市白帆印务有限公司印刷装订　　新华书店经销
880 毫米 ×1230 毫米　16 开本　10.75 印张　250 千字
2021 年 10 月第 1 版　　2025 年 1 月第 4 次印刷
定价：29.00 元

营销中心电话：400-606-6496
出版社网址：http://www.class.com.cn
http://jg.class.com.cn

对接世界技能大赛技术标准创新系列教材

编审委员会

主　任：刘　康

副主任：张　斌　王晓君　刘新昌　冯　政

委　员：王　飞　翟　涛　杨　奕　张　伟　赵庆鹏　姜华平

杜庚星　王鸿飞

焊接加工专业课程改革工作小组

课 改 校：宁波技师学院　攀枝花技师学院

承德技师学院　黑龙江技师学院

徐州工程机械技师学院　山东工程技师学院

广西工业技师学院　首钢技师学院

技术指导：刘景凤

编　　辑：吴　岚　盛秀芳

本书编审人员

主　编：裘红军

副主编：黄　海　潘蛟亮

参　编：夏琦男　曲英良

主　审：李旭明

序

世界技能大赛由世界技能组织每两年举办一届，是迄今全球地位最高、规模最大、影响力最广的职业技能竞赛，被誉为“世界技能奥林匹克”。我国于2010年加入世界技能组织，先后参加了五届世界技能大赛，累计取得36金、29银、20铜和58个优胜奖的优异成绩。第46届世界技能大赛将在我国上海举办。2019年9月，习近平总书记对我国选手在第45届世界技能大赛上取得佳绩作出重要指示，并强调，劳动者素质对一个国家、一个民族发展至关重要。技术工人队伍是支撑中国制造、中国创造的重要基础，对推动经济高质量发展具有重要作用。要健全技能人才培养、使用、评价、激励制度，大力发展技工教育，大规模开展职业技能培训，加快培养大批高素质劳动者和技术技能人才。要在全社会弘扬精益求精的工匠精神，激励广大青年走技能成才、技能报国之路。

为充分借鉴世界技能大赛先进理念、技术标准和评价体系，突出“高、精、尖、缺”导向，促进技工教育与世界先进标准接轨，完善我国技能人才培养模式，全面提升技能人才培养质量，人力资源社会保障部于2019年4月启动了世界技能大赛成果转化工作。根据成果转化工作方案，成立了由世界技能大赛中国集训基地、一体化课改学校，以及竞赛项目中国技术指导专家、企业专家、出版集团资深编辑组成的对接世界技能大赛技术标准深化专业课程改革工作小组，按照创新开发新专业、升级改造传统专业、深化一体化专业课程改革三种对接转化原则，以专业培养目标对接职业描述、专业课程对接世界技能标准、课程考核与评价对接评分方案等多种操作模式和路径，同时融入健康与安全、绿色与环保及可持续发展理念，开发与世界技能大赛项目对接的专业人才培养方案、教材及配套教学资源。首批对接 19 个世界技能大赛项目共 12 个专业的成果将于 2020—2021 年陆续出版，主要用于技工院校日常专业教学工作中，充分发挥世界技能大赛成果转化对技工院校技能人才的引领示范作用。在总结经验及调研的基础上选择新的对接项目，陆续启动第二批等世界技能大赛成果转化工作。

希望全国技工院校将对接世界技能大赛技术标准创新系列教材，作为深化专业课程建设、创新人才培养模式、提高人才培养质量的重要抓手，进一步推动教学改革，坚持高端引领，促进内涵发展，提升办学质量，为加快培养高水平的技能人才作出新的更大贡献！

2020年11月

目　　录

学习任务一　燃气管道焊接

学习目标

完成本学习任务后，学生应能胜任管道焊接工作，并能严格执行企业安全生产制度、环保管理制度和“6S”管理规定，具备安全意识、质量意识、职业健康与环境保护意识，养成爱岗敬业、自主学习、沟通协调、团队合作等职业素养，学习目标包括以下几方面内容。

1. 能根据焊接作业环境需要，选择、穿戴并维护安全防护用品。

2. 能正确识读燃气管道图样和焊接工艺文件，明确工作任务、技术要求和质量标准。

3. 能明确燃气管道的焊接方法、焊接顺序、质量控制关键点、特殊要求、质量检验方法等，并确定相应的预防和控制措施。

4. 能根据焊接工艺文件完成焊前准备工作，并确认作业场地和周围环境达到劳动安全和职业健康要求。

5. 能根据燃气管道图样和焊接工艺文件确认组对质量符合要求、预防措施到位。

6. 能按要求使用设备和工具，严格执行焊接工艺文件，采用钨极氩弧焊方法完成管道水平转动对接焊缝、垂直固定对接焊缝和相贯线焊缝的焊接。焊接过程中能采取有效措施预防和减少焊接缺陷、焊接变形和焊接应力。

7. 能按要求进行焊接接头的清理、自检和表面缺陷的返修；能依据返修通知单和返修工艺文件进行焊接缺陷定位、清理及返修；能填写自检记录表。

8. 能与相关人员进行有效沟通，获取解决问题的方法和措施，解决工作过程中的常见问题。

9. 能对设备和工具等进行日常维护及保养。

10. 能积极主动展示工作成果，对学习和工作过程中出现的问题进行反思总结，优化加工方案和策略，具备知识迁移能力。

建议学时

120 学时。

工作情境描述

某管道制造公司接到一燃气管道[①]焊接任务，材料为Q355，ϕ76 mm×6 mm 垂直固定对接焊缝，ϕ108 mm×6 mm 与 ϕ76 mm×6 mm 相贯线焊缝，要求焊工班组采用钨极氩弧焊进行焊接，工时为16 h。

工作流程与活动

学习活动 1　明确工作任务（5 学时）
学习活动 2　技能准备（80 学时）
学习活动 3　制订计划（7 学时）
学习活动 4　任务实施（20 学时）
学习活动 5　焊接质量检验与返修（5 学时）
学习活动 6　总结与评价（3 学时）

① 燃气管道是指将液化天然气（包括油田生产的伴生气）从开采地或处理厂输送到城市配气中心、工业用户或企业用户的管道，又称输气管道。

学习活动 1　明确工作任务

学习目标

1. 能通过生产任务单，准确概括、复述任务内容及要求。

2. 能识读燃气管道图样和技术要求。

3. 能描述燃气管道焊接所用材料的牌号、性能和焊接性。

4. 能根据焊接工艺文件制定燃气管道焊接的施工步骤。

5. 能根据图样要求，明确图上标注的焊缝符号及其含义。

6. 能根据焊接工艺文件，选择焊接材料、参数，分析焊接参数对焊接接头的影响。

学习活动描述

明确工作任务是完成燃气管道焊接工作的第一步。通过识读焊接工艺文件，明确燃气管道的材料、规格、焊接方法和技术要求，并对燃气管道的技术参数、输送介质等知识有整体的认知。

子活动与建议课时

子活动 1　识读燃气管道焊接工艺文件（2 学时）

子活动 2　燃气管道认知（2 学时）

子活动 3　学习活动评价（1 学时）

建议学时：5 学时。

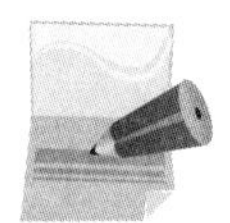

学习准备

资料与材料：工作页、技术标准、技术文件、专业书籍和管材等。

设备与工具：计算机等。

子活动 1　识读燃气管道焊接工艺文件

燃气管道焊接工艺文件包括生产任务单、焊件图、焊接工艺卡等，焊接工艺文件的内容包括任务要求、生产设备、焊接方法、焊接参数、施工人员资质等。

一、燃气管道焊接工艺文件

1．生产任务单

仔细阅读生产任务单（表 1-1-1），按照生产任务单提供的基本信息，查阅相关资料，明确工作任务的内容和要求，填写生产任务单，完成学习任务。

表 1-1-1　　生产任务单

开单部门：____________　　开 单 人：____________

开单时间：____年____月____日　　接 单 人：______小组______（签名）

<table>
<tr><td colspan="4">以下由开单人填写</td></tr>
<tr><td>任务名称</td><td>燃气管道焊接</td><td>完成工时</td><td>16 h</td></tr>
<tr><td>技术要求</td><td colspan="3">（1）所有焊缝的错边量小于 1 mm
（2）焊件应进行表面质量检验和尺寸检验，表面质量和尺寸都应符合图样要求；清除坡口和坡口边缘各 20 mm 范围内的油污、锈蚀和氧化皮，直至露出金属光泽
（3）构件装配尺寸符合图样要求
（4）焊接工艺符合金属钢结构焊接国家标准或行业标准，焊缝不允许有裂纹、未熔合、气孔、夹渣等缺陷</td></tr>
<tr><td>领取材料</td><td>管材：φ108 mm×6 mm 和 φ76 mm×6 mm 低合金钢管，材料为 Q355
氩气：纯度≥ 99.99%
焊丝：ER50-6，φ2.5 mm
钨极：WCe20，φ2.0 mm</td><td rowspan="2">成本核算</td><td rowspan="2">金额合计：

仓管员（签名）

年　月　日</td></tr>
<tr><td>领用工具</td><td>角向磨光机、直磨机、钨极磨削机（或砂轮机）、扳手、钢丝钳、划针、测量工具（焊接检验尺、钢直尺、直角尺、钢卷尺、放大镜、测温仪等）、安全防护用品（焊接防护用具、焊接防护服等）、工艺装备和夹具等</td></tr>
</table>

续表

操作者检测		（签名） 年　月　日
班组检测		（签名） 年　月　日
质量员检测		（签名） 年　月　日

2．焊件图

如图 1-1-1 所示为燃气管道焊件图。

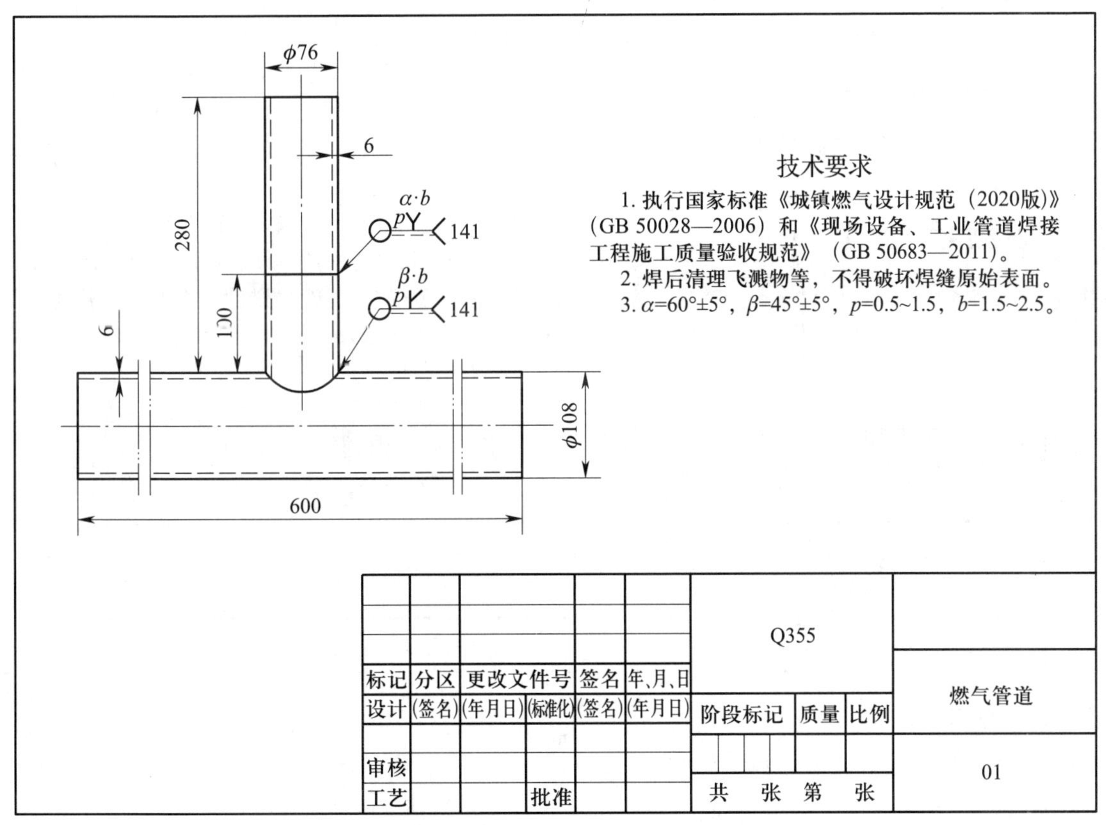

图 1-1-1　燃气管道焊件图

3．焊接工艺卡

燃气管道焊接工艺卡见表 1-1-2 和表 1-1-3。

表 1-1-2　　　　焊接工艺卡（1）

<table>
<tr><td>工程名称</td><td colspan="3">管道对接垂直固定焊接</td><td colspan="3">工艺卡编号</td><td colspan="2">01</td></tr>
<tr><td>材质</td><td>Q355</td><td>规格</td><td>ϕ76 mm × 6 mm</td><td>焊接方法</td><td colspan="2">钨极氩弧焊</td><td>焊工资格</td><td>特种作业操作证</td></tr>
<tr><td>焊评编号</td><td colspan="2">无</td><td>无损检测</td><td colspan="3">按能源行业标准《承压设备无损检测　第 2 部分：射线检测》（NB/T 47013.2—2015），采用检测比例为 100% 的 X 射线检测（X-Ray Testing，XT）</td><td>合格等级</td><td>Ⅱ级</td></tr>
<tr><td colspan="3">适用范围</td><td colspan="6">管道对接垂直固定焊缝</td></tr>
<tr><td>焊接层次</td><td>焊接电流 / A</td><td>电弧电压 / V</td><td>气体流量 /（L/min）</td><td>钨极直径 / mm</td><td>焊丝直径 / mm</td><td>喷嘴直径 / mm</td><td>钨极伸出长度 /mm</td><td>喷嘴至焊件距离 /mm</td></tr>
<tr><td>定位焊</td><td>80 ～ 95</td><td rowspan="3">11 ～ 13</td><td>8 ～ 10</td><td rowspan="3">2.0</td><td rowspan="3">2.5</td><td rowspan="3">8</td><td rowspan="3">5 ～ 7</td><td rowspan="3">≤ 8</td></tr>
<tr><td>1</td><td>80 ～ 95</td><td>8 ～ 10</td></tr>
<tr><td>2、3</td><td>70 ～ 90</td><td>6 ～ 8</td></tr>
<tr><td>坡口尺寸及熔敷图</td><td colspan="3">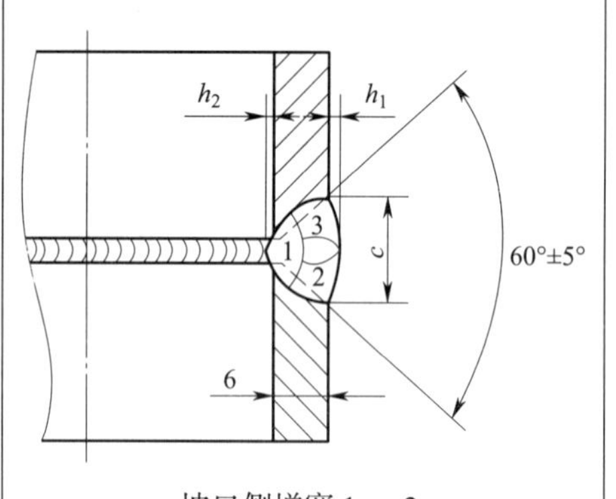
c：坡口侧增宽 1 ～ 2 mm
h_1、h_2：在 0 ～ 3 mm 范围内取值</td><td>焊接技术要求</td><td colspan="4">1. 按圆周方向在管子 V 形坡口均布 2 ～ 3 处定位焊点，每处定位焊缝长度为 10 ～ 15 mm，要求焊透，不得有气孔、夹渣、未焊透等缺陷。定位焊缝两端修成斜坡状，以便于接头
2. 管子定位焊应采用与正式焊接相同的焊接方法和焊接材料，焊丝型号为 ER50-6，直径为 2.5 mm，氩气纯度≥ 99.99%，钨极材料为铈钨极，直径为 2 mm
3. 管子焊接时，焊缝高度不限，焊接过程中不准改变焊接位置
4. 焊接完毕，应认真清理管子表面的焊渣、飞溅物等，不能破坏焊缝的原始表面
5. 所有对接焊缝均需进行射线探伤或水压试验检测</td></tr>
</table>

表 1-1-3　　　　焊接工艺卡（2）

<table>
<tr><td>工程名称</td><td colspan="3">管道相贯线焊接</td><td>工艺卡编号</td><td colspan="3">02</td></tr>
<tr><td>材质</td><td>Q355</td><td>规格</td><td>ϕ108 mm × 6 mm、ϕ76 mm × 6 mm</td><td>焊接方法</td><td>钨极氩弧焊</td><td>焊工资格</td><td>特种作业操作证</td></tr>
<tr><td>焊评编号</td><td colspan="2">无</td><td>无损检测</td><td colspan="2">按能源行业标准《承压设备无损检测　第 2 部分：射线检测》（NB/T 47013.2—2015），采用检测比例为 100% 的 X 射线检测（X-Ray Testing，XT）</td><td>合格等级</td><td>Ⅱ级</td></tr>
</table>

续表

<table>
<tr><th colspan="3">适用范围</th><th colspan="6">管道相贯线焊缝</th></tr>
<tr><td>焊接层次</td><td>焊接电流 /A</td><td>电弧电压 /V</td><td>气体流量 /（L/min）</td><td>钨极直径 /mm</td><td>焊丝直径 /mm</td><td>喷嘴直径 /mm</td><td>钨极伸出长度 /mm</td><td>喷嘴至焊件距离 /mm</td></tr>
<tr><td>定位焊</td><td>80 ~ 95</td><td rowspan="3">11 ~ 13</td><td>8 ~ 10</td><td rowspan="3">2</td><td rowspan="3">2.5</td><td rowspan="3">8</td><td rowspan="3">5 ~ 7</td><td rowspan="3">≤ 8</td></tr>
<tr><td>1</td><td>80 ~ 95</td><td>8 ~ 10</td></tr>
<tr><td>2、3</td><td>70 ~ 90</td><td>6 ~ 8</td></tr>
<tr><td>坡口尺寸及熔敷图</td><td colspan="3">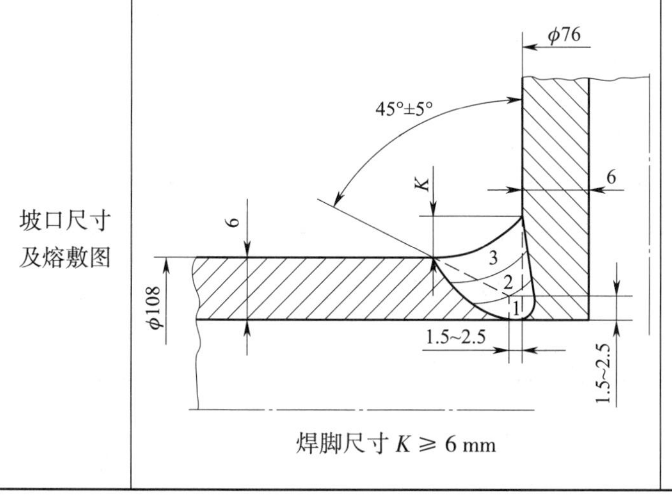
</td><td>焊接技术要求</td><td colspan="4">1. 按圆周方向在管子单边 V 形坡口均布 3 处定位焊点，每处定位焊缝长度为 10 ~ 15 mm，要求焊透，不得有气孔、夹渣、未焊透等缺陷。定位焊缝两端修成斜坡状，以便于接头
2. 管子定位焊应采用与正式焊接相同的焊接方法和焊接材料，焊丝型号为 ER50-6，直径为 2.5 mm，氩气纯度 ≥ 99.99%，钨极材料为铈钨极，直径为 2 mm
3. 管子焊接时，焊缝高度不限，焊接过程中不准改变焊接位置
4. 焊接完毕，应认真清理管子表面的焊渣、飞溅物等，不能破坏焊缝的原始表面
5. 所有对接焊缝均需进行渗透探伤</td></tr>
</table>

二、明确工作内容

1. 仔细阅读生产任务单中的焊接技术要求，结合工作情境描述，简述本学习任务的工作内容及要求。

2. 识读燃气管道焊件图和焊接工艺卡，回答下列问题。

（1）燃气管道焊接采用____________，所选用焊丝型号为____________，直径为____________ mm，钨极材料为____________，直径为____________ mm，母材为________。

（2）从焊缝符号中可以得出，“Y”表示__________焊缝，开__________形坡口，角度为____________；“Y”表示____________焊缝，开____________形坡口；“O”表示____________。钝边 p 为____________mm，根部间隙 b 为____________mm。

（3）查阅资料，填写表 1–1–4 中焊接位置的代号。

表 1–1–4　　焊接位置的代号

焊缝形式	焊件位置	代号
管道对接焊缝	水平转动	
	垂直固定	
	水平固定	
	45°固定	
管道角接焊缝	45°转动	
	垂直固定横焊	
	水平转动	
	垂直固定仰焊	
	水平固定	

（4）查阅资料，填写表 1–1–5 中各焊接方法的数字代号、英文缩写和全称。

表 1–1–5　　焊接方法的数字代号、英文缩写和全称

焊接方法	数字代号	英文缩写	英文全称
焊条电弧焊			
CO_2 气体保护焊（实心焊丝）			
CO_2 气体保护焊（药芯焊丝）			
钨极氩弧焊			
		TIG	
熔化极氩弧焊		MIG	
活性气体保护焊	135		

3．查阅资料，填写表 1–1–6 中焊接行业从业人员相关证书的适用情况，各小组派代表说明。

表 1–1–6　　焊接从业人员相关证书

类型	特种作业操作证	职业资格证书	焊接工程师
证书样式	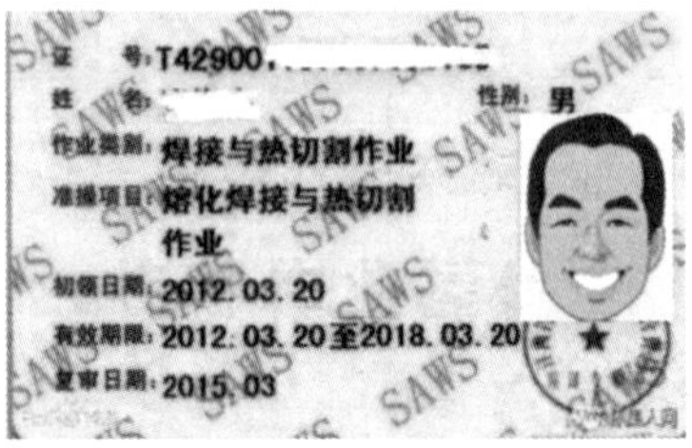		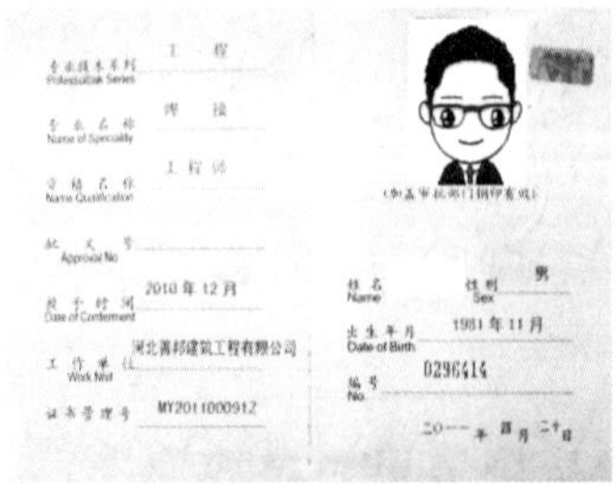

续表

适用情况			
类型	国际焊接技师	国际焊接工程师	特种设备作业人员证
证书样式	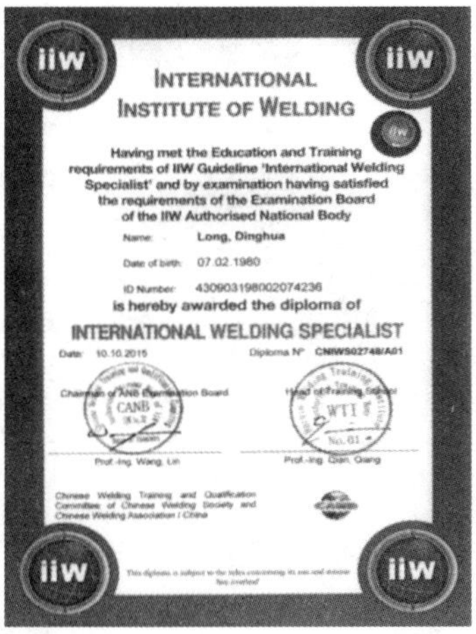	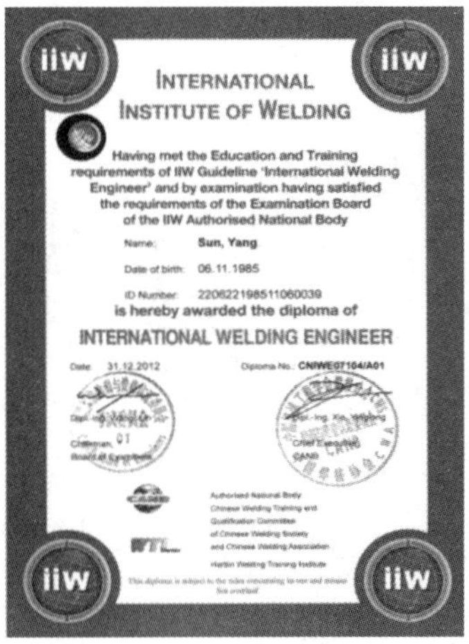	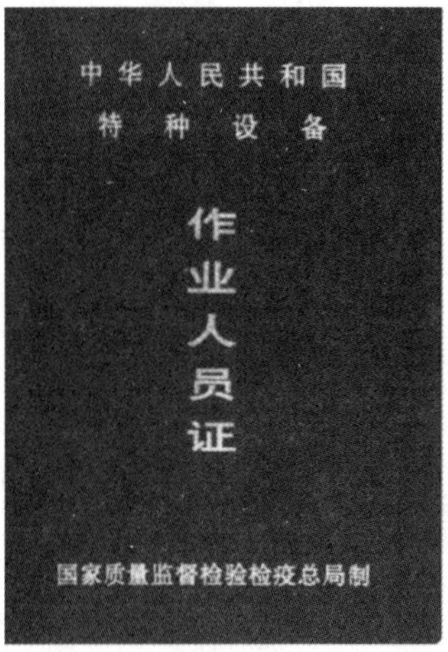
适用情况			

子活动 2　燃气管道认知

管道是工业生产中的常见装置，主要用于供水、排水、供热、供煤气、长距离输送石油和天然气、农业灌溉、水利工程等各种工业设施中。

一、认识管道

1．管道的定义

管道是由管道组成件装配而成，用于输送、分配、混合、分离、排放、计量或截止流体流动的系统。管道组成件主要包括管子、管件、法兰、垫片、紧固件、阀门和安全保护装置等。管子的形状有圆形（圆筒形）和矩形两种，圆形管子使用较普遍。管件的种类较多，主要有弯头、三通、四通等，其中弯头用于管道拐弯处，三通、四通用于管道分支处。配件是指附属于管道的部分，如阀门、漏斗等，填写表 1-1-7 中管道及其配件的名称。

表 1-1-7　　管道及其配件

<table>
<tr><td>输气管道</td><td colspan="4"></td></tr>
<tr><td>配件图示</td><td> </td><td> </td><td> </td><td> </td></tr>
<tr><td>名称</td><td></td><td></td><td></td><td></td></tr>
<tr><td>配件图示</td><td> </td><td> </td><td> </td><td> </td></tr>
<tr><td>名称</td><td></td><td></td><td></td><td></td></tr>
</table>

2．管道图样

按图形来分，管道工程图分为两种，一种是用一根线条画成的管子（件）的图样，称为单线图；另一种是用两根线条画成的管子（件）的图样，称为双线图。在同一张图样上，一般将主要管道画成双线图，次要管道画成单线图。管道主要部件对应的实物图、单线图和双线图见表 1-1-8。

表 1-1-8　　管道主要部件对应的实物图、单线图和双线图

管道部件	单线图	双线图
	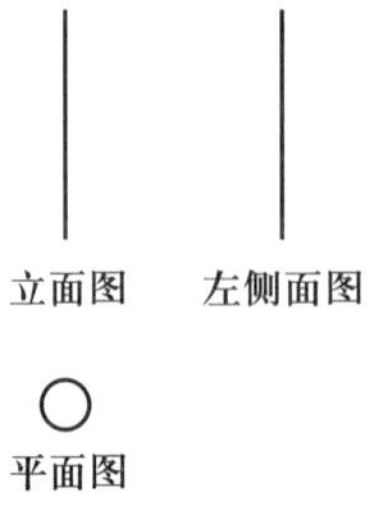 立面图　左侧面图 平面图	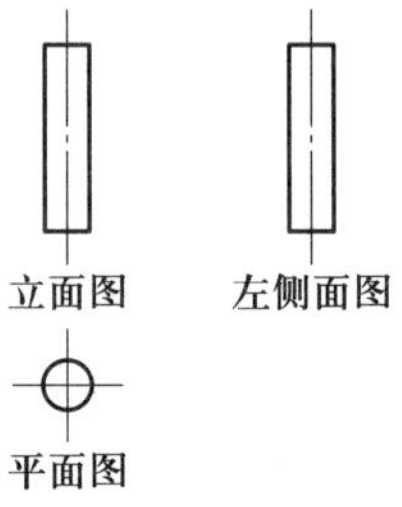 立面图　左侧面图 平面图

续表

管道部件	单线图	双线图
	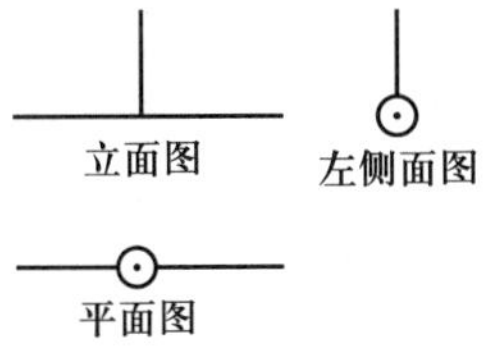 立面图　左侧面图 平面图	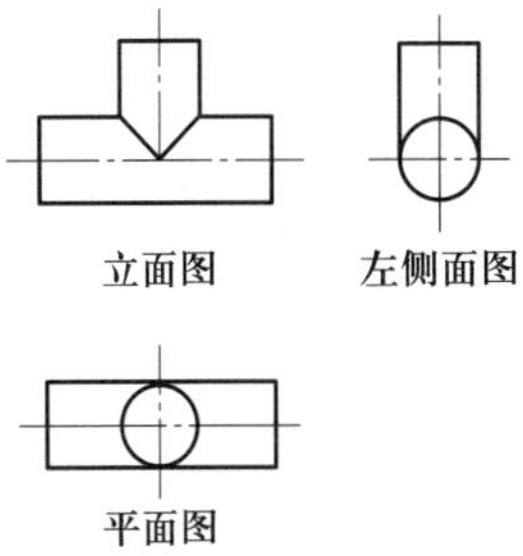 立面图　左侧面图 平面图
	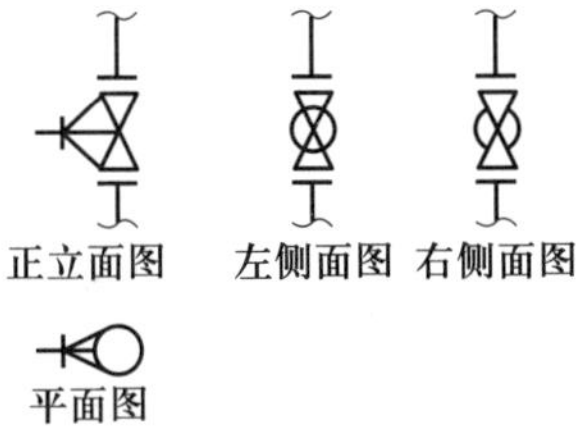 正立面图　左侧面图　右侧面图 平面图	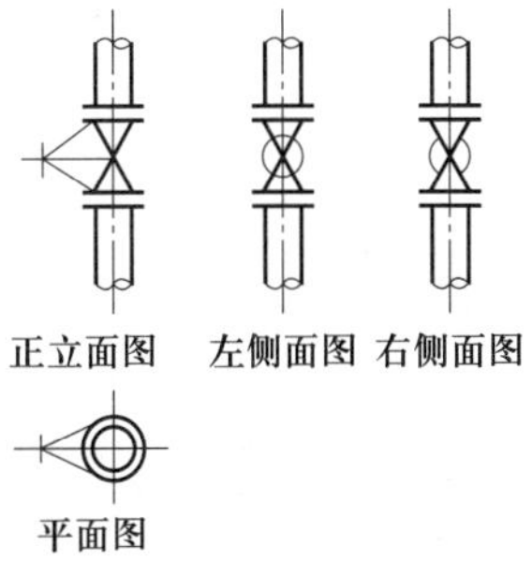 正立面图　左侧面图　右侧面图 平面图
	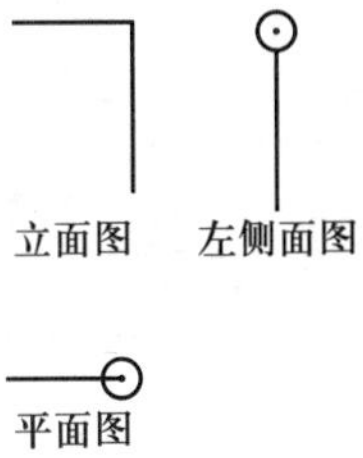 立面图　左侧面图 平面图	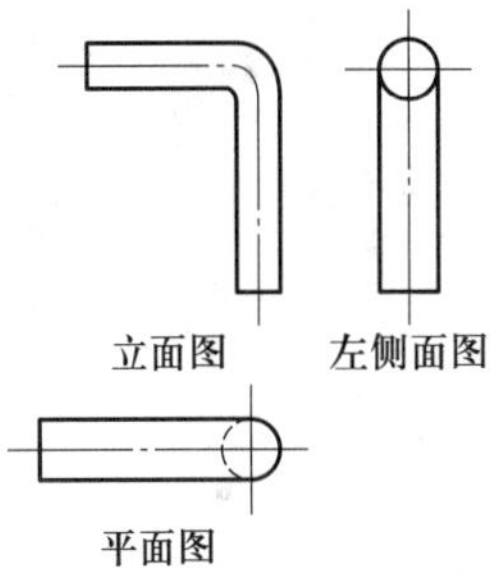 立面图　左侧面图 平面图
	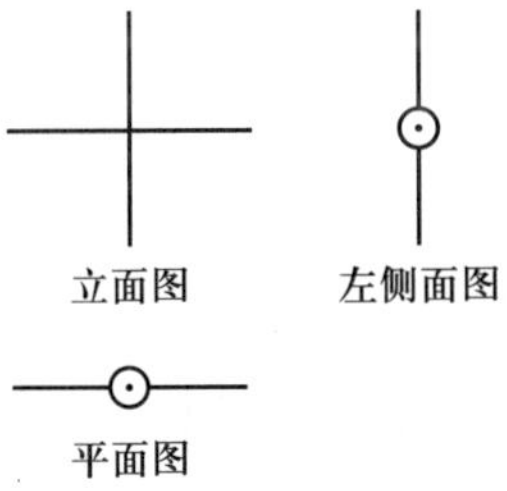 立面图　左侧面图 平面图	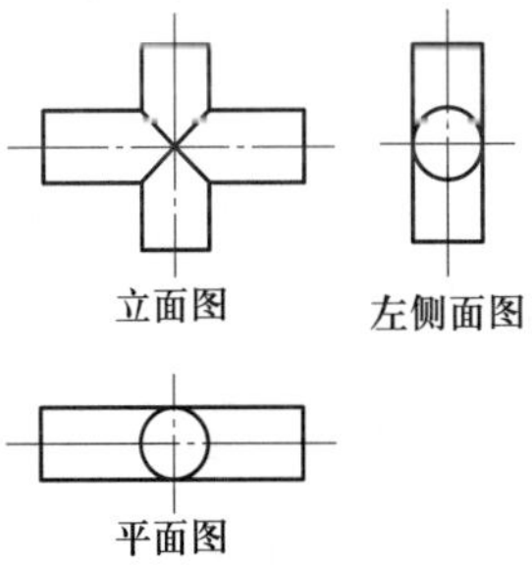 立面图　左侧面图 平面图

3．管道的分类

（1）按材料分，管道可分为金属管道和非金属管道。钢质管可分为碳素钢管和合金钢管、不锈钢管、铸铁管等。

（2）按设计压力分，管道可分为真空管道、低压管道、高压管道和超高压管道。

（3）按输送温度分，管道可分为低温管道、常温管道、中温管道和高温管道。

（4）按输送介质分，管道可分为给排水管道、压缩空气管道、氢气管道、氧气管道、乙炔管道、热力管道、燃气管道、燃油管道、剧毒流体管道、有毒流体管道、酸碱管道、锅炉管道、制冷管道、净化纯气管道和纯水管道等。

查阅资料，完成表 1-1-9 管道材质及用途的填写。

表 1-1-9　　管道材质及用途

图示	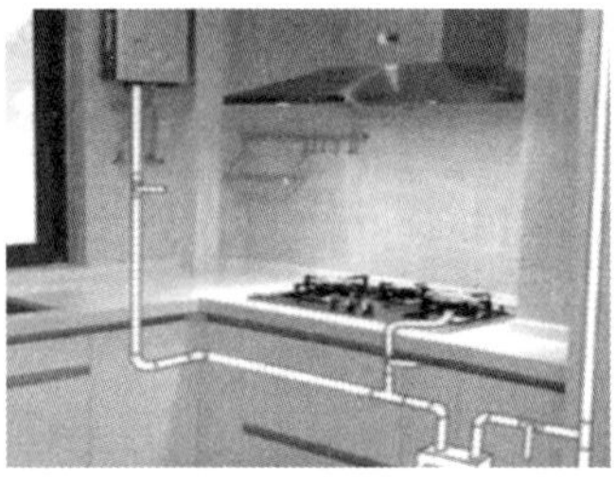		
材质			
用途			
图示			
材质			混凝土
用途			

二、天然气

天然气作为一种清洁能源，能减少近 100% 的二氧化硫和粉尘排放量，减少 60% 的二氧化碳排放量和 50% 氮氧化物排放量，并有助于减少酸雨的形成，缓解地球温室效应，从根本上改善环境质量。

燃气输送管道指主要用于输送天然气、液化石油气和人工煤气的管道。在长距离运输中，输气管道专指输送天然气介质的管道；在城镇中，输气管道指输送天然气、液化石油气和人工煤气等介质的管道。

目前，很多城市所使用的燃气基本都是天然气。天然气管道系统是个连续、密闭的输送系统。虽然燃气管道属于低压管道，但发生事故时危害性大，波及范围广，管道一旦破裂，释放能量大，撕裂长度较长，若排出的天然气遇到明火，还易酿成火灾。

查阅资料，天然气的主要成分是＿＿＿＿＿＿，燃烧后的产物是＿＿＿＿＿＿和＿＿＿＿＿＿，是一种＿＿＿＿＿＿能源，具有＿＿＿＿＿＿的危险性，经常通过＿＿＿＿＿＿运输。

拓展阅读

燃　　气

城镇燃气气源种类很多，常用的有以下几种。

天然气可分为从气井开采出来的气田气（纯气田天然气）、伴随石油一起开采出来的石油伴生气、凝析气田气、开采煤矿时从井下每层抽出的煤矿矿井气和煤层气。

根据形成气体的原料和过程不同，人工燃气可分为固体燃料汽化煤气、固体燃料干馏煤气、油制气和高炉煤气。

液化石油气可从天然气中分离出来的 C_3、C_4 的烃类中获得，也可从石油炼制和加工过程中获得。

三、燃气管道

1．燃气管道的压力

燃气管道主要采用钢管、铸铁管和塑料管等。燃气高压、中压管道常采用钢管，中压和低压管道常采用钢管或铸铁管。塑料管多用于工作压力为 0.4 MPa 的室外地下管道。城镇燃气设计压力（表压）分级见表 1–1–10。

表 1–1–10　城镇燃气设计压力（表压）分级

名称		压力 /MPa
高压燃气管道	A	$2.5<p<4.0$
	B	$1.6<p<2.5$
次高压燃气管道	A	$0.8<p<1.6$
	B	$0.4<p<0.8$
中压燃气管道	A	$0.2<p<0.4$
	B	$0.01<p<0.2$
低压燃气管道		$p<0.01$

由表 1–1–10 可得，燃气管道压力分为________级，低压燃气管道的压力为________ MPa。

拓展阅读

西 气 东 输

“西气东输”是指将我国西部新疆塔里木盆地的天然气输送到上海及长江三角洲等东部地区的工程。

2．燃气管道施工图和图例符号

燃气管道施工图和部分图例符号见表 1–1–11、表 1–1–12 和表 1–1–13。

表 1–1–11 管道施工图常用线型

名称	线型	宽度	主要用途
粗实线	——	b	主要管线、图框线
中实线	——	$0.5b$	辅助管线、支管线
细实线	——	$0.35b$	管线阀门图线、建筑物及设备轮廓线、尺寸线、尺寸界线及引出线
波浪线	～～	$0.35b$	管件或阀件断裂处的边界线、局部界线
虚线	- - - -	$0.35b$	设备内辅助管线、自控仪表连接线、不可见轮廓线
粗虚线	- - - -	b	有特殊要求的线或表面的表示线
点画线	—·—·—	$0.35b$	定位轴线、中心线

注：表中的 b 表示图线的宽度，一般取 0.7 ～ 2 mm。

表 1–1–12 管路的一般连接形式

序号	名称	符号	序号	名称	符号
1	法兰连接	——‖——	6	管道丁字上接	——⊥○——
2	承插连接	——)——	7	管道丁字下接	——○——
3	三通连接	——⊥——	8	管道交叉	——|——
4	四通连接	——+——	9	焊接连接	——●——
5	螺纹连接	——+┬	10	弯折管	——○——

表 1–1–13 阀门与管路的一般连接形式

序号	名称	符号	序号	名称	符号
1	法兰连接	‖⋈‖	3	螺纹连接	—⋈—
2	焊接连接	●⋈●			

由表 1–1–11、表 1–1–12 和表 1–1–13 可得，管道施工图常用线型有________种，管路有________种一般连接形式，阀门与管路有________种一般连接形式。焊接只是金属管道连接的一种常用方法。

3．燃气管道的材料

钢管是燃气管道的主要材料，燃气管道可分为室外与室内两部分，室外管道材料一般为________，室内管道可用________、________或________。随着科技的发展，室内管道采用________的数量越来越多。由于工艺技术的差别，各厂商生产的管道钢存在一定的差异。管材从早期的 X60 低合金钢（抗拉强度为 42 MPa）逐渐升级为 X70、X80 高合金钢，个别甚至采用 X100 和 X120 管道钢。

本学习任务中管道的材料为________，规格为________。Q355 是一种________合金________钢，其广泛应用于桥梁、车辆、管道、建筑、压力容器和特种设备等，其中，“Q”表示材料的________强度，“355”

表示材料的________强度值为________。天然气输送钢管是板（带）经过深加工而形成的较特殊的冶金产品，对于天然气管道的管材来说，强度、韧性和可焊性是三项最基本的质量控制指标。

金属焊接性（可焊性）是指金属能否适应焊接加工而形成完整的、具备一定使用性能的焊接接头的特性，它包括________和________。金属焊接性的影响因素有________、________、________和________等。

________是判定金属焊接性最简便的方法。钢中的碳元素和合金元素是决定碳素钢与低合金钢强度和可焊性的主要因素。________是根据合金元素对材料焊接性的影响大小折合成碳的当量，用符号________表示。写出国际焊接协会推荐的碳当量计算公式：C_E=________________________________。

当 C_E<0.4% 时，焊接性________，不需焊前预热；当 C_E=0.4% ~ 0.6% 时，焊接性________，需要采取焊前适当预热和控制热输入等措施；当 C_E>0.6% 时，焊接性________，需要采取较高的预热温度和严格控制热输入等措施。

查阅资料，根据碳当量计算公式，Q355 的 C_E=________，焊接性________。

4．管径

管道尺寸常见的表达方式有公称直径、英寸、外径和通称直径等。公称直径（也称公称通径）是一种称呼直径，又称名义直径，是各种管子与管路附件的通用口径。采用公称直径的目的是使管子连接处的口径保持一致，有通用性、互换性。

公称直径一般与制品的内径相近，它既不等于实际外径，又不等于实际内径，只是名义直径。制品的实际内径和外径由制品的技术标准来规定，无论制品的内径与外径多大，管子都能与公称直径相同的管路附件相连接，以达到互换与通用的目的。部分管径的对应关系见表 1-1-14。

表 1-1-14　部分管径的对应关系

公称直径 *DN*/mm	英寸 /in	外径 *D*/mm	通称直径 ϕ/mm
50	2	60	57
65	2.5	75.5	74
80	3	88.5	89
100	4	114	108
125	5	140	133
150	6	165	159
175	7	194	194

无缝钢管、焊接钢管（直缝或螺旋缝）、铜管、不锈钢管等管材的管径常以 $D\times\delta$（外径 × 壁厚）表示。D108 mm×6 mm 表示管外径为________ mm，壁厚为________ mm，是________ in 的钢管。

5．管道相关标准

管道及管道焊接有许多国家标准和规范，如《承压设备焊接工艺评定》（NB/T 47014—2011）、《城镇燃气设计规范（2020 版）》（GB 50028—2006）、《现场设备、工业管道焊接工程施工规范》（GB 50236—2011）、《现场设备、工业管道焊接工程施工质量验收规范》（GB 50683—2011）、《钢质管道焊接及验收》

（GB/T 31032—2014）、《输送流体用无缝钢管》（GB/T 8163—2018）等。

NB/T 是什么标准？ GB 与 GB/T 有什么不同？

子活动 3　学习活动评价

根据学习活动 1 的学习过程，完成本学习活动评价，将评价结果填入表 1–1–15 中。

表 1–1–15　　学习活动评价表

学习活动名称：明确工作任务　　小组名称：________　　组员姓名：________

<table>
<tr><td colspan="2" rowspan="3">评价项目</td><td rowspan="3">评价内容</td><td rowspan="3">评价依据</td><td colspan="3">评价方式</td><td rowspan="3">权重</td><td rowspan="3">得分小计</td><td rowspan="3">总分</td></tr>
<tr><td>自我评价</td><td>小组评价</td><td>教师评价</td></tr>
<tr><td>10%</td><td>40%</td><td>50%</td></tr>
<tr><td rowspan="6">关键能力</td><td rowspan="4">社会能力</td><td>安全、文明操作</td><td>操作规范、安全</td><td></td><td></td><td></td><td>10%</td><td rowspan="4"></td><td rowspan="7"></td></tr>
<tr><td>团队协作能力</td><td>分工明确、互相配合</td><td></td><td></td><td></td><td>10%</td></tr>
<tr><td>沟通表达能力</td><td>仪容仪表、演示发言</td><td></td><td></td><td></td><td>10%</td></tr>
<tr><td>问题解决能力</td><td>问题解决方法</td><td></td><td></td><td></td><td>10%</td></tr>
<tr><td rowspan="2">方法能力</td><td>学习能力</td><td>工作页完成情况</td><td></td><td></td><td></td><td>10%</td><td rowspan="2"></td></tr>
<tr><td>外语能力</td><td>外文资料识读</td><td></td><td></td><td></td><td>10%</td></tr>
<tr><td colspan="2">专业能力</td><td>识图能力</td><td>工作页及课堂发言</td><td></td><td></td><td></td><td>40%</td><td></td></tr>
<tr><td colspan="2">指导教师综合评价</td><td colspan="8">

指导教师签名：　　　　　　　　日期：</td></tr>
</table>

注：自我评价、小组评价、教师评价均采用百分制。

学习活动2　技能准备

学习目标

1. 能明确钨极氩弧焊的工作原理、分类、特点与应用，根据钨极氩弧焊工艺特点选择焊接参数。

2. 能根据钨极氩弧焊特点完成焊前各项准备工作，并确认作业场地和周围环境达到劳动安全和职业健康要求。

3. 能按要求使用设备和工具，严格执行焊接工艺文件，采用钨极氩弧焊方法完成管道水平转动对接焊缝、垂直固定对接焊缝和相贯线焊缝的焊接。焊接过程中能采取有效措施预防和减少焊接缺陷、焊接变形和焊接应力。

4. 能按要求进行焊接接头的清理、自检。

5. 能对钨极氩弧焊设备和工具进行日常维护及保养。

学习活动描述

钨极氩弧焊是工业生产中常用的焊接方法。低合金钢管对接水平转动钨极氩弧焊操作技能是实施管道各种位置焊接的基础。管道对接垂直固定焊缝和相贯线焊缝钨极氩弧焊操作技能是完成燃气管道焊接任务的关键，其焊接质量检验标准也是管道焊缝质量检验的要求。

子活动与建议课时

子活动 1　钨极氩弧焊认知（3 学时）

子活动 2　钨极氩弧焊基本操作（16 学时）

子活动 3　低合金钢管对接水平转动钨极氩弧焊（20 学时）

子活动 4　低合金钢管对接垂直固定钨极氩弧焊（20 学时）

子活动 5　低合金钢管相贯线钨极氩弧焊（20 学时）

子活动 6　学习活动评价（1 学时）

建议学时：80 学时。

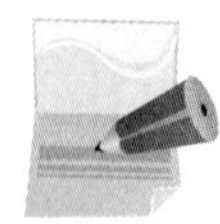

学习准备

资料与材料：工作页、技术标准、技术文件、专业书籍、管材、焊丝、钨极、氩气（纯度≥ 99.99%）等。

设备与工具：计算机、钨极氩弧焊设备、焊接辅助工具和夹具、通风及除尘设备等。

子活动 1　钨极氩弧焊认知

钨极氩弧焊、焊条电弧焊、CO_2 气体保护焊、埋弧自动焊都是电弧焊的常用方法。钨极氩弧焊具有焊接过程无飞溅、适用范围广、焊接质量好等优点，因此，在工业生产中正得到越来越广泛的应用。

一、钨极氩弧焊的原理、特点、分类及应用

钨极惰性气体保护电弧焊（Tungsten Inert Gas Arc Welding）是使用纯钨或活化钨（钍钨、铈钨等）作为电极的惰性气体保护电弧焊方法，简称 TIG 焊。其中，钨极氩弧焊是最常用的钨极惰性气体保护电弧焊方法。

1．空气由多种气体组成，查阅资料，写出图 1-2-1 中各气体组成成分的体积分数。

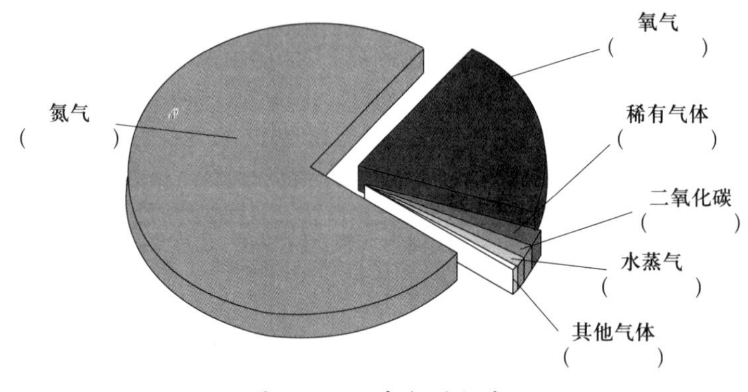

图 1-2-1　空气的组成

2．查阅资料，简述焊接环境中的空气会对焊接过程产生哪些不利影响。

3．焊条电弧焊、CO_2 气体保护焊、钨极氩弧焊和埋弧焊是四种常见的电弧焊方法，结合表 1–2–1 中电弧焊示意图，完成表格的填写。

表 1–2–1　　四种常见的电弧焊方法

焊接方法	示意图	熔池保护方式	保护物
焊条电弧焊	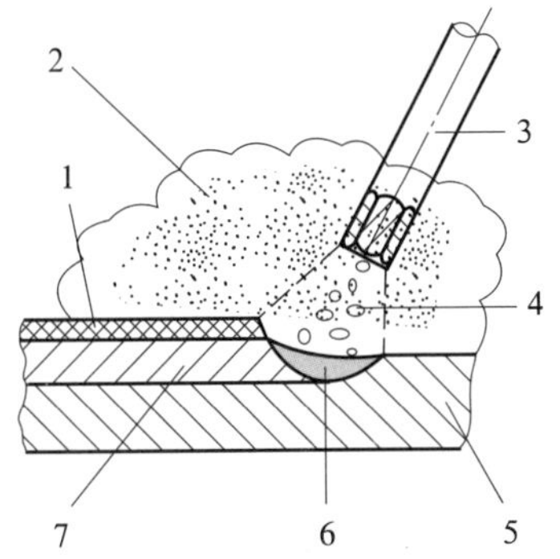 1—焊渣　2—保护气体　3—焊条　4—熔滴 5—焊件　6—熔池　7—焊缝		
CO_2 气体保护焊	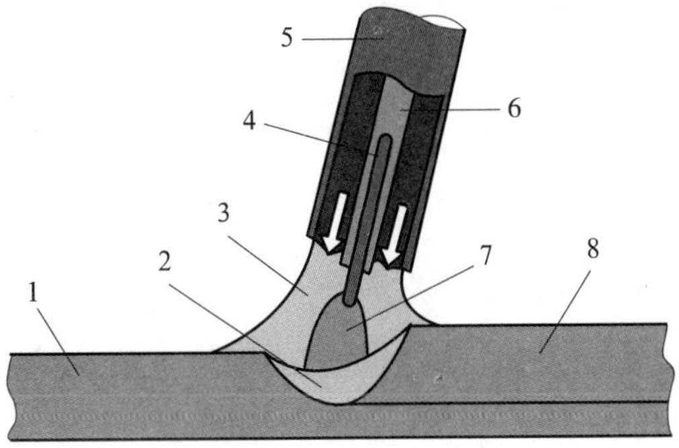 1—焊件　2—熔池　3—保护气体　4—熔化电极 5—气体喷嘴　6—导电嘴　7—电弧　8—焊接金属		
钨极氩弧焊	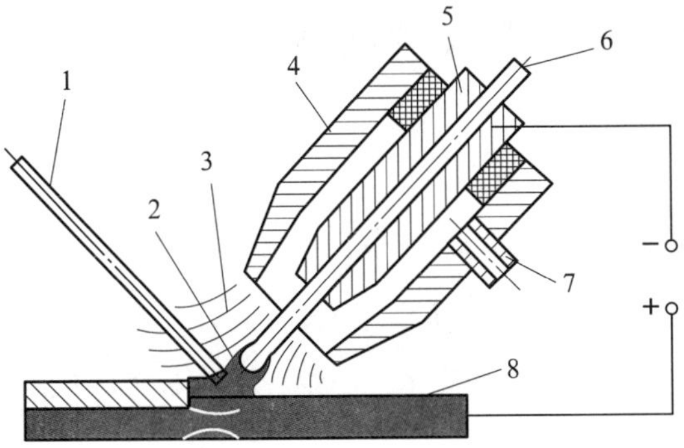 1—焊丝　2—电弧　3—氩气　4—喷嘴　5—导电嘴 6—钨极　7—进气管　8—焊件		

续表

焊接方法	示意图	熔池保护方式	保护物
埋弧焊	1—焊丝盘　2—送丝滚轮　3—电缆　4—导电嘴 5—焊剂回收管　6—焊渣　7—焊缝　8—焊剂 9—垫板　10—焊件　11—坡口　12—焊剂漏斗　13—焊丝		

4．惰性气体又称__________，是元素周期表上的 O 族元素所组成的气体。在常温、常压下，它们都是无色、无味的__________气体，很难进行化学反应。自然界的稀有气体共有 6 种，它们分别是__________、__________、__________、__________、__________和__________。

5．氩气的分子式为____________，氩的分子量为____________，是无色无味的惰性气体，蒸气压为 202.64 kPa（−179 ℃），熔点为__________，沸点为 −185.7 ℃，微溶于水，相对水的密度为 1.4（−186 ℃），相对空气的密度为 1.38，性能稳定，常用于灯泡充气和对不锈钢、镁、铝等金属的电弧焊接。

查阅资料，各小组派代表说明惰性气体的应用案例。

拓展阅读

惰性气体保护焊

惰性气体保护焊使用的主要是单一气体，如氩气（Ar）、氦气（He），后来发现一种气体中加入一定分量的另一种或两种气体后，可以分别在细化熔滴、减少飞溅、提高电弧的稳定性、改善熔深以及提高电弧的温度等方面获得满意的效果。

常用的混合气体有以下几种。

Ar+He：适用于大厚度铝板及高导热材料的焊接，以及不锈钢的高速机械化焊接。

$Ar+H_2$：适用于镍及其合金的焊接，可以消除镍焊缝中的气孔。

$Ar+O_2$（O_2 的体积分数为 1%）：适用于不锈钢熔化极惰性气体保护焊，能克服单独使用氩气时的阴极飘移现象。

$Ar+CO_2$ 或 $Ar+CO_2+O_2$：适用于焊接低碳钢和低合金钢，有利于焊缝成形，保证接头质量以及提高电弧稳定性和熔滴过渡稳定性。

6．查阅资料，简述钨极氩弧焊的主要特点。

7．按电极分类，氩弧焊可分为钨极氩弧焊和熔化极氩弧焊；按操作方法分类，钨极氩弧焊可分为手工钨极氩弧焊和自动钨极氩弧焊；按电流分类，钨极氩弧焊可分为直流钨极氩弧焊和交流钨极氩弧焊。根据上述分类在表 1–2–2 中填入对应的序号（1—钨极氩弧焊　2—手工钨极氩弧焊　3—熔化极氩弧焊　4—自动钨极氩弧焊）。

表 1–2–2　　氩弧焊分类

示意图	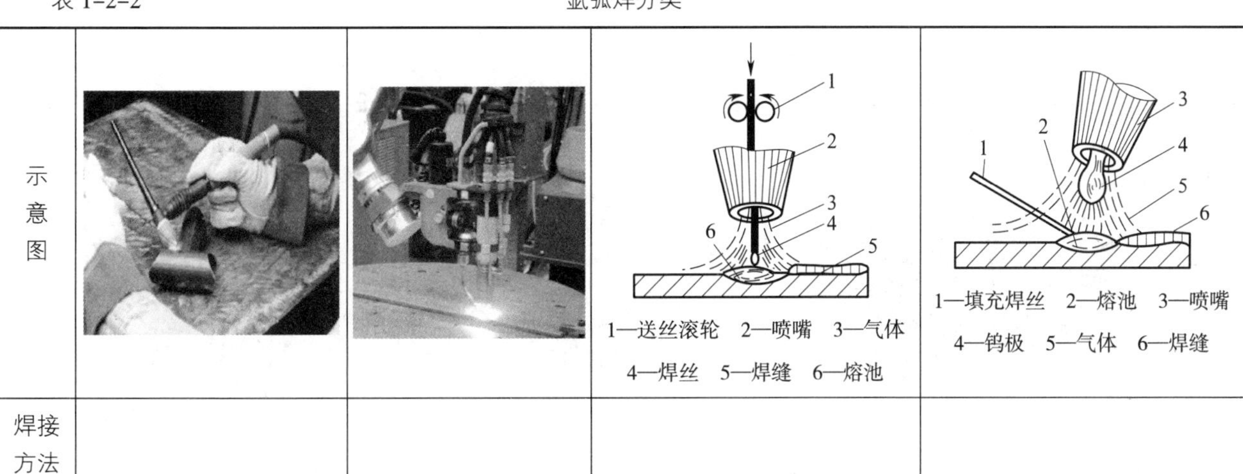		1—送丝滚轮　2—喷嘴　3—气体 4—焊丝　5—焊缝　6—熔池	1—填充焊丝　2—熔池　3—喷嘴 4—钨极　5—气体　6—焊缝
焊接方法				

8．因氩气不与金属发生化学反应，钨极氩弧焊常用在__________（碳钢、低合金钢管、有色金属）的焊接中，其使用成本较高，常用于重要结构__________（打底层、填充层、盖面层）焊缝的焊接。

二、钨极氩弧焊设备

1．手工钨极氩弧焊设备由焊接电源、控制系统、焊枪、供气系统及冷却系统等部分组成，写出图 1–2–2 所示钨极氩弧焊设备各部分的名称。

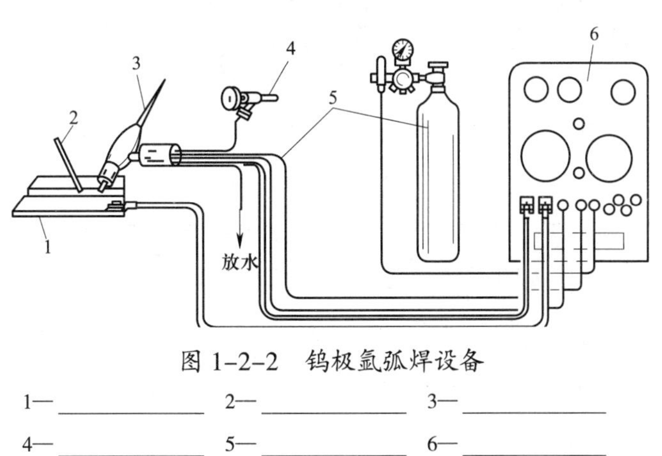

图 1–2–2　钨极氩弧焊设备

1—__________　2—__________　3—__________

4—__________　5—__________　6—__________

2．查阅资料，填写表 1–2–3 中钨极氩弧焊设备的名称。

表 1–2–3　　　　钨极氩弧焊设备

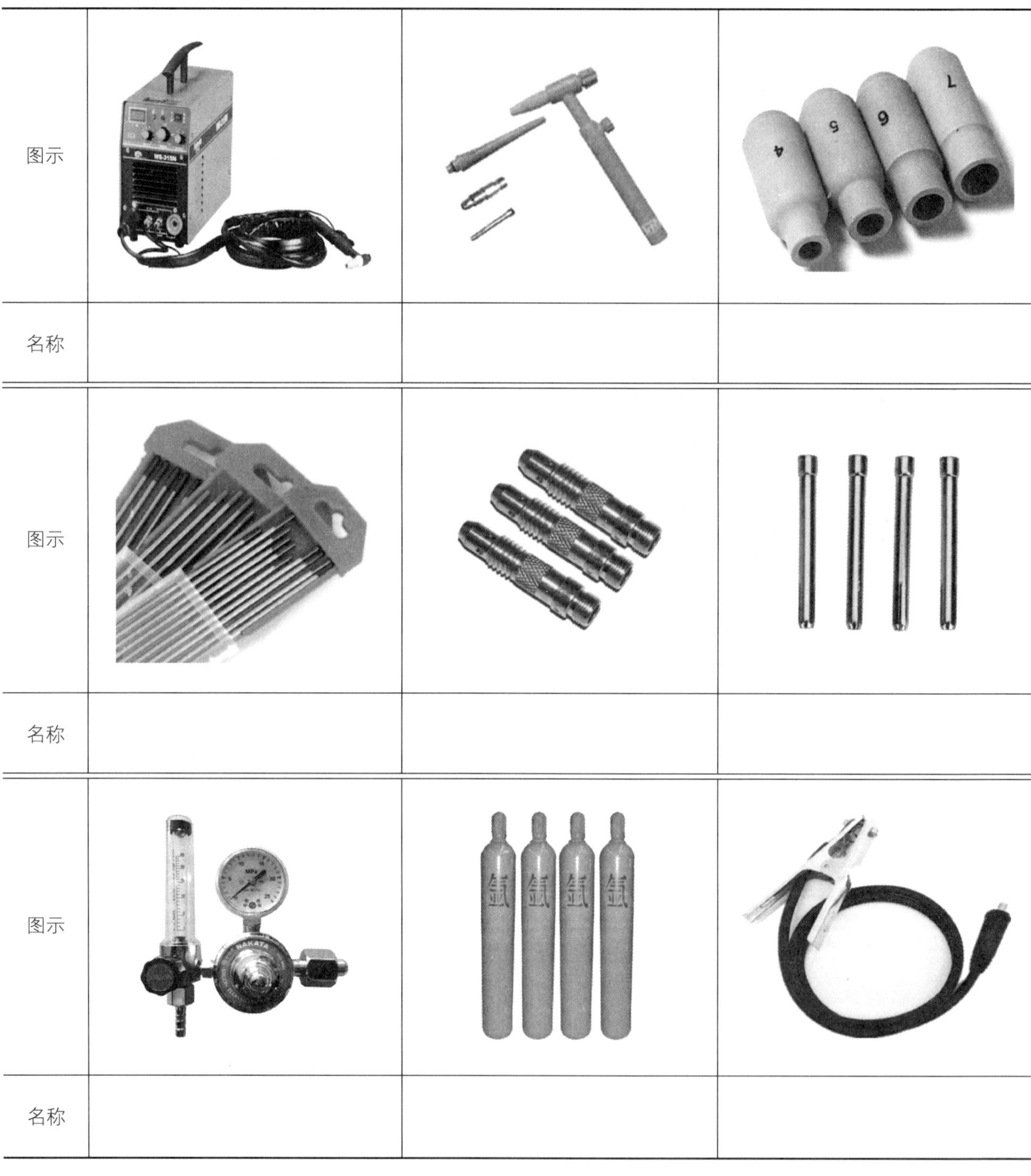

图示			
名称			
图示			
名称			
图示			
名称			

3．根据使用的电流种类不同，钨极氩弧焊焊机有直流钨极氩弧焊焊机、交流钨极氩弧焊焊机和脉冲钨极氩弧焊焊机三种，常用的钨极氩弧焊焊机的型号有 WSJ–150、WSJ–300、WS–250、WS–300、WSM–250、WSM–400、WSME–500 等。参照表 1–2–4 中钨极氩弧焊焊机型号的含义，写出图 1–2–3 所示钨极氩弧焊焊机型号的含义。

表 1-2-4　　钨极氩弧焊焊机型号的含义

第一字位		第二字位		第三字位		第四字位		第五字位	
代表字母	大类名称	代表字母	小类名称	代表字母	附注特征	代表字母	系列序号	单位	基本规格
						省略	焊车式		
		Z	自动焊	省略	直流	1	全位置焊车式		
						2	横臂式		
		S	手工焊	J	交流	3	机床式		
W	TIG焊机					4	旋转焊头式	A	额定焊接电流
		D	点焊	E	交直流	5	台式		
						6	焊接机器人		
		Q	其他	M	脉冲	7	变位式		
						8	真空充气式		

a)

b)

图 1-2-3　钨极氩弧焊焊机

a）WSM-400　b）WSME-500

WSM-400 的含义：

WSME-500 的含义：

4．氩弧焊焊枪按冷却方式不同可分为气冷式焊枪和水冷式焊枪两种，如图 1-2-4 所示。气冷式焊枪结构紧凑，便于操作，价格便宜，但仅限于小电流（大于 150 A）焊接时使用；当焊接电流超过 150 A 时，必须使用水冷式焊枪，水冷式焊枪适用于大电流焊接和自动焊接。

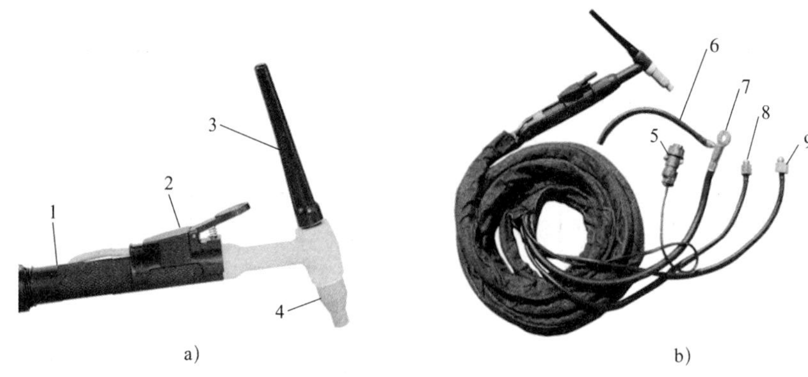

图 1-2-4 钨极氩弧焊焊枪

a）气冷式 b）水冷式

1—枪把 2—开关 3—安全尾帽 4—喷嘴 5—控制器接口 6—回水管 7—电极接口 8—冷却水接口 9—氩气接口

焊枪主要由枪体、钨极夹头、进气管、电缆、喷嘴和按钮开关等组成，焊枪的作用是____。

5．氩弧焊焊枪的喷嘴形状有__________、__________和__________3 种，如图 1-2-5 所示。前两种喷嘴的保护效果最佳，氩气流速均匀，容易保持层流，是生产中常用的形式。氩弧焊焊枪喷嘴按照直径大小可分为 4#（6.3×M10×1.5×47）、5#（8×M10×1.5×47）、6#（9.6×M10×1.5×47）、7#（11×M10×1.5×47）、8#（12×M10×1.5×47）等型号。

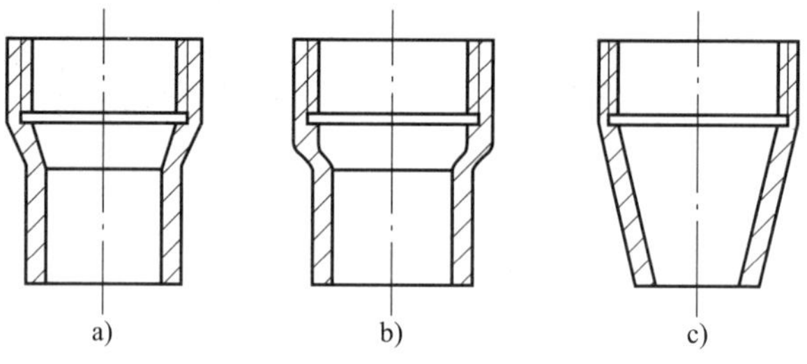

图 1-2-5 氩弧焊焊枪喷嘴

6．查阅资料，写出制造氩弧焊焊枪喷嘴的常用材质及颜色。

7．简述氩弧焊焊机供气系统主要组成部分的名称。

8．焊接所用氩气以瓶装供应，氩气瓶外表涂成__________色，并且标注有__________“氩”字样。氩气瓶的容积一般为 40 L，最高工作压力为 15 MPa，使用时应直立放置。

查阅资料，填写表 1-2-5 中储存氩气、氧气、乙炔气、CO_2 气体储气瓶的颜色和字体颜色。

表 1-2-5　　焊接用气体及气瓶

储存气体	氩气	氧气	乙炔气	CO_2 气体
气瓶颜色				
字体颜色				

三、钨极氩弧焊焊接材料

1．焊接时用的钨棒有纯钨、钍钨（2% 氧化钍）和铈钨（2% 氧化铈）3 种，长度一般为 150 mm，如图 1-2-6 所示。钨棒端部标记不同的颜色，钍钨棒端部颜色为__________，铈钨棒端部颜色为__________，纯钨棒端部颜色为__________。

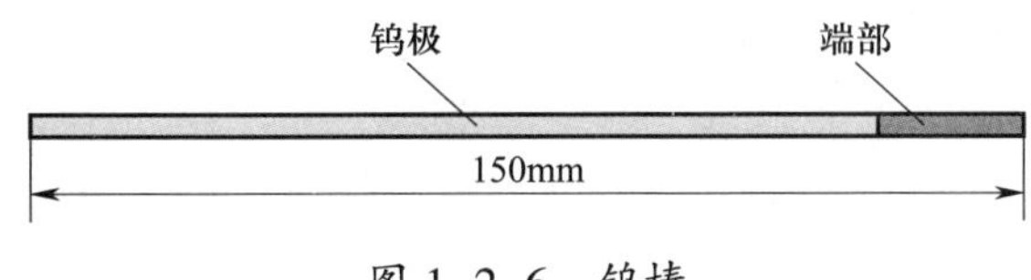

图 1-2-6　钨棒

2．常用的钨极氩弧焊钨棒直径有 0.5 mm、1 mm、1.6 mm、2 mm、3.2 mm、4.0 mm、5 mm、6.3 mm、8 mm 和 10 mm 等，测量教师分发的钨棒直径，并记录 ϕ =__________mm。

拓展阅读

钨

钨（Wolfram）是自然界熔点最高（约 3 410 ℃）的金属，原子序数为 74，原子量为 183.84，呈钢灰色或银白色，硬度高，常温下不受空气侵蚀。主要用途为制造灯丝和高速切削合金钢、超硬模具，也用于光学仪器和化学仪器中。钨矿在古代被称为“重石”，钨在地壳中的含量为 0.001%，中国是世界上最大的钨储藏国。

3．氩弧焊所用的焊丝分为__________和__________两大类。《气体保护电弧焊用碳钢、低合金钢焊丝》（GB/T 8110—2008）和《焊接用不锈钢丝》（YB/T 5092—2016）规定，氩弧焊所用的焊丝直径有 0.8 mm、1 mm、1.2 mm、1.4 mm、1.5 mm、1.6 mm、2 mm、2.4 mm、2.5 mm、4 mm、5 mm、6 mm 等十余种规格，一般多选用直径为__________mm 的焊丝。

4．氩弧焊所用的焊丝表面一般都涂有__________，起到__________作用。

5．氩气和氦气对焊接区都有良好的__________。氩弧焊对氩气的纯度要求__________，按我国现行标准规定，其纯度应≥__________%。

四、钨极氩弧焊焊接工艺

1．查阅资料并根据燃气管道焊接工艺卡，写出焊条电弧焊、CO_2 气体保护焊和钨极氩弧焊的焊接参数。

（1）焊条电弧焊焊接参数

（2）CO_2 气体保护焊焊接参数

（3）钨极氩弧焊焊接参数

2．进行钨极氩弧焊时，为防止钨极熔化，可采取风扇或水冷系统对钨极进行冷却，同时，也可以通过钨极接直流电源的负极来降低钨极的温度。除铝镁合金外，一般金属材料焊接时都采用________________，如图 1–2–7 所示。

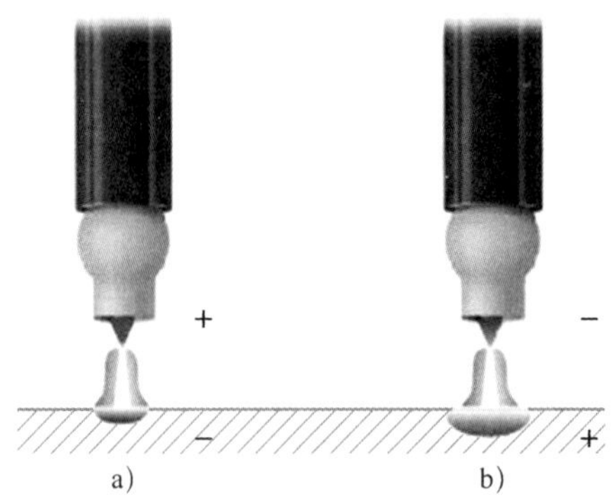

图 1–2–7　电源极性

a）反接　b）正接

3．铝、镁及其合金焊接时极易氧化，形成熔点很高的氧化膜（如 Al_2O_3 的熔点为 2 050 ℃）覆盖在熔池表面，阻碍基体金属和填充金属的熔合，从而造成未熔合、夹渣、焊缝表面形成皱皮及内部气孔等缺陷。采用直流反接时，电弧空间的正离子由钨极的阳极区飞向焊件的阴极区，撞击金属熔池表面，将致密难熔的氧化膜击碎，以达到清理氧化膜的目的，这种作用称为“阴极破碎”作用，又称“________________”，如图 1–2–8 所示。

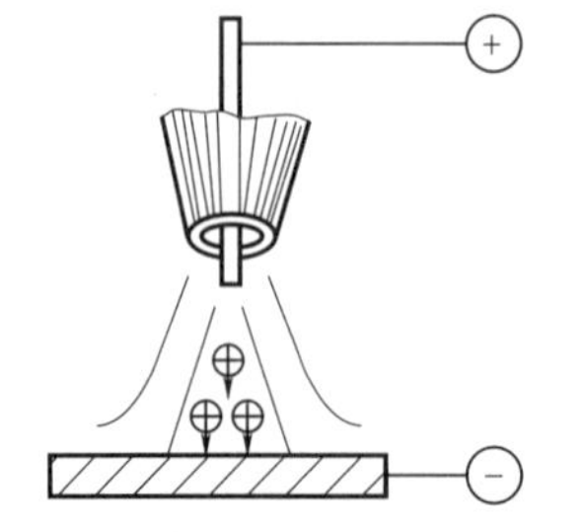

图 1–2–8　“阴极破碎”作用

因为钨极的许用电流小，易烧损，电弧燃烧不稳定，因此铝、镁及其合金应尽可能使用__________电源焊接。交流钨极氩弧焊焊机通常使用__________顺利引燃电弧和__________，使电流过零点电弧稳定燃烧。

4．钨极氩弧焊焊接电流主要依据__________、__________、__________进行选择，应采用短弧焊接，电弧电压一般为__________ V。

5．钨极直径主要按焊件厚度、焊接电流的大小和电源极性来选择。钨极氩弧焊钨极直径常用的有 0.5 mm、1 mm、1.6 mm、2 mm、3.2 mm、4 mm、5 mm、6.3 mm、8 mm、10 mm 等。钨极直径与喷嘴孔径的关系按公式 $D=2d+4$ 确定，其中 D 为喷嘴孔径，d 为钨极直径，单位为 mm。氩气流量与喷嘴孔径可按公式 $q_v=(0.8\sim1.2)D$ 计算，单位为 L/min。直径为 2 mm 的钨极，其喷嘴孔径一般为________ mm，为__________喷嘴，氩气流量为__________ L/min，钨极伸出长度一般为 3 ~ 5 mm，喷嘴至焊件距离为__________ mm。

五、子活动学习评价

根据子活动 1 的学习过程，完成本学习活动的评价，将评价结果填入表 1-2-6 中。

表 1-2-6　　子活动评价表

子活动名称：钨极氩弧焊认知　　小组名称：________________　　组员姓名：________________

<table>
<tr><th colspan="2" rowspan="3">评价项目</th><th rowspan="3">评价内容</th><th rowspan="3">评价依据</th><th colspan="3">评价方式</th><th rowspan="3">权重</th><th rowspan="3">得分小计</th><th rowspan="3">总分</th></tr>
<tr><th>自我评价</th><th>小组评价</th><th>教师评价</th></tr>
<tr><th>10%</th><th>40%</th><th>50%</th></tr>
<tr><td rowspan="5">关键能力</td><td rowspan="3">社会能力</td><td>安全、文明操作</td><td>操作规范、安全</td><td></td><td></td><td></td><td>20%</td><td rowspan="3"></td><td rowspan="5"></td></tr>
<tr><td>团队协作能力</td><td>分工明确、互相配合</td><td></td><td></td><td></td><td>20%</td></tr>
<tr><td>沟通表达能力</td><td>仪容仪表、课堂发言</td><td></td><td></td><td></td><td>20%</td></tr>
<tr><td rowspan="2">方法能力</td><td>信息处理能力</td><td>工作小结</td><td></td><td></td><td></td><td>20%</td><td rowspan="2"></td></tr>
<tr><td>学习能力</td><td>工作页完成情况</td><td></td><td></td><td></td><td>20%</td></tr>
<tr><td colspan="2">指导教师综合评价</td><td colspan="8">

指导教师签名：　　　　　　　　　　　　日期：</td></tr>
</table>

注：自我评价、小组评价、教师评价均采用百分制。

子活动 2 钨极氩弧焊基本操作

按送丝方式不同，钨极氩弧焊分为手工钨极氩弧焊、半自动钨极氩弧焊和自动钨极氩弧焊。目前，手工送丝钨极氩弧焊应用最为普遍。钨极氩弧焊基本操作主要有钨极磨削、焊枪组装、气路连接、焊丝送进和焊枪移动等。

拓展阅读

钨极氩弧焊安全操作规程

1. 焊工须经培训考试，持有操作证者方能独立操作，未经专门培训和考试者不得单独操作。应遵守电焊作业通用安全操作规程。

2. 检查并确认电源、电压符合要求，接地装置安全可靠。检查焊枪是否正常，地线是否可靠。

3. 检查高频引弧系统、焊接系统是否正常，导线、电缆接头是否可靠，对于自动送丝钨极氩弧焊还要检查调整机构、送丝机构是否完好。

4. 检查并确认气管、水管不受外压且无外漏。

5. 根据材质的性能、尺寸、形状先确定极性，再确定电压、电流和氩气的流量。

6. 安装的氩气减压阀、管接头不得沾有油脂。安装后，应进行试验并确认无障碍和漏气。

7. 水冷却式焊机的冷却水应保持清洁，冷却水的流量应正常，不得断水施焊。

8. 高频引弧焊焊机的高频防护装置应良好，也可通过降低频率进行防护，不得发生短路，振荡器电源线路中的联锁开关严禁分接。

9. 在电弧附近不准赤身和裸露身体其他部位，不准在电弧附近吸烟、进食，以免将臭氧、烟尘吸入体内。

10. 磨削钍钨极时应遵守砂轮机操作规程，最好选用铈钨极（放射量小些）。

11. 钨极粗细应根据焊件厚度确定，更换钨极时必须切断电源。磨削钨极端头时，操作人员必须戴手套、口罩或防毒面罩，磨削下来的粉尘应及时清除，钍钨极、铈钨极不得随身携带。

12. 焊接作业附近不宜装有振动的其他机械设备，不得放置易燃、易爆物品，工作场所应有良好的通风措施。

13. 操作工应随时佩戴静电防尘口罩。操作时尽量减少高频作业时间。

14. 在容器内进行氩弧焊时应戴专用面罩，以减少吸入有害烟气。容器外应有其他人监护和配合。

15. 氩气瓶与焊接地点不应靠得太近，氩气瓶应直立固定放置，不得倒放。氩气瓶不许撞砸，立放必须有支架，并距离明火 3 m 以上。

16. 焊接操作及配合人员必须按规定穿戴安全防护用品，且必须采取防止触电、高空坠落、瓦斯中毒和火灾等事故的安全措施。

17. 现场使用的焊机应设有防雨、防潮、防晒的机棚，并应配备相应的消防器材。

18. 高空焊接或切割时，必须遵守登高作业安全操作规程，焊接场地周围和下方应采取防火措施，并应有专人监护。

19. 焊接铜、铝、锡等有色金属时，周围环境应通风良好，焊接人员应戴防护面罩、呼吸滤清器或采取其他防毒措施。

20. 打磨钍钨极时应设有抽风装置，储存钍钨极时宜放在铅盒内，避免大量钍钨极集中放置时其放射性剂量超出安全规定而致伤人。

一、钨极氩弧焊安全防护

1．阅读钨极氩弧焊安全操作规程，结合焊接生产实践，分组讨论并简述钨极氩弧焊焊接时需要注意的安全事项及预防措施。

2．电弧光主要由紫外线、红外线和可见光 3 种光线组成。进行钨极氩弧焊时，由于焊接电流大，发出的电弧光强度强，时间长，对操作者的影响也大，查阅资料，完成表 1–2–7 的填写。

表 1–2–7　　电弧光对人体和环境的影响

焊接电弧光	组成	波长 /nm	对人体和环境的影响
			主要损伤人的眼睛及裸露的皮肤，引起电光性眼炎和皮肤红斑；产生臭氧；使纤维老化
			强度大于眼睛正常承受能力的一万倍，使人感到耀眼、炫目，长时间照射会引起眼睛疼痛
			产生灼热感，长期大剂量作用会引起头痛、呕吐，长期照射眼睛会引起白内障，严重时导致失明

3．钨极氩弧焊焊接时由于没有飞溅，易使初学者和旁观者放松警惕，肉眼观看焊接操作，易引发____________，也会闻到____________发出的异味。

拓展阅读

电光性眼炎

电光性眼炎是紫外线对眼角膜和结膜上皮造成损害而引起的炎症，症状表现为疼痛、流泪、畏光、眼睛局部充血、角膜上出现大片的上皮剥落。该病具有一定的潜伏期，通常为 6 ~ 8 h。发作时可用人乳或鲜牛奶滴眼，每次 5 ~ 6 滴，每隔 3 ~ 5 min 滴一次，也可用药水清洗眼睛或用眼罩蒙住眼睛后再用冷毛巾冰敷。一般 1 ~ 2 天可痊愈，无后遗症。

4．钨极氩弧焊常用高频振荡器（频率为 150 ~ 260 kHz，电压高达 3 500 V）来激发引弧。振荡器的高频电流作用会在振荡器和电源传输线路附近的空间形成高频电磁场。查阅资料，简述高频电磁场对人体的不良影响。

5．填写表 1-2-8 中焊接安全防护用品的名称。

表 1-2-8　焊接安全防护用品

名称	图示	名称	图示
	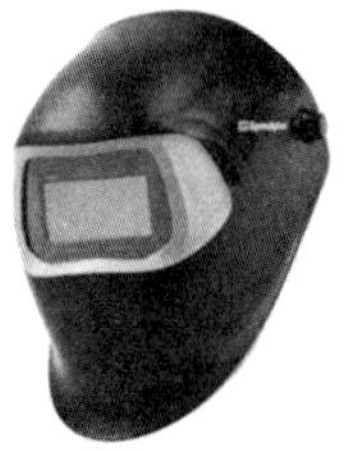		
	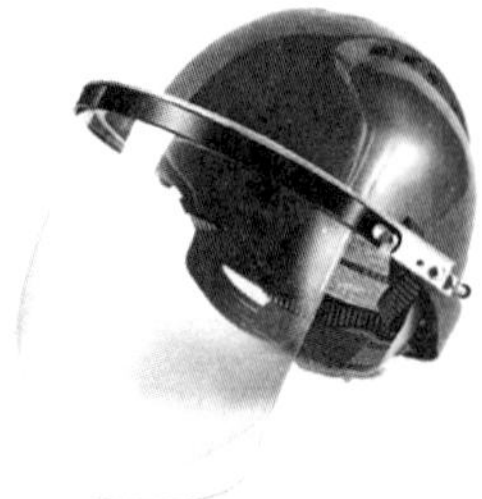		

续表

名称	图示	名称	图示
			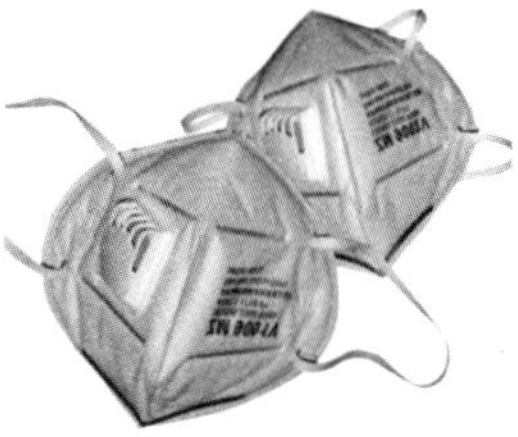

二、钨极氩弧焊辅助工具

1．填写表 1–2–9 中焊接辅助工具的名称，各小组派代表回答各工具的用途。

表 1–2–9　　焊接辅助工具

名称	图示	名称	图示
	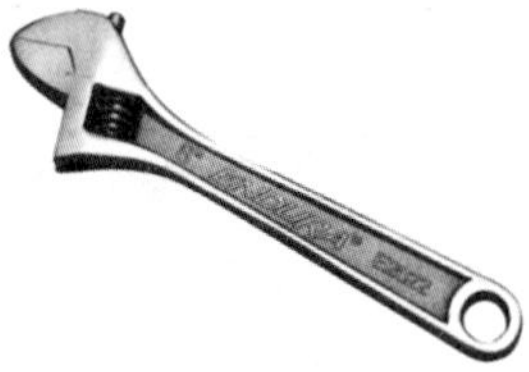		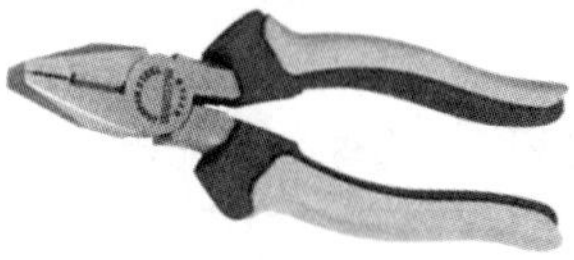

2．比较钨极氩弧焊辅助工具与焊条电弧焊、CO_2 气体保护焊辅助工具的不同之处，各小组派代表简述各辅助工具的不同点。

三、钨极氩弧焊基本操作

1．进行手工钨极氩弧焊操作前需要练习哪几项基本操作?

2．根据工位、焊机数量和基本技能操作项目，明确基本技能操作顺序和小组内各成员的职责，并完成表 1–2–10 的填写。

表 1–2–10　　基本技能操作练习计划

序号	项目	内容
1	组员	
2	练习顺序	
3	小组分工	

3．钨极氩弧焊需要准备的设备、材料和工具有哪些？将所需工具准备好，并检查设备和工具的安全性。

4．钨极端部的质量对焊接电弧稳定性和焊缝成形有很大的影响，使用前应对钨极端部进行磨削。观看教师磨削钨极的操作后对钨极进行磨削，小组内各成员互相检查磨削质量，选出磨削质量最佳的 3 人讲述操作要领。

拓展阅读

钨极磨削注意事项

1. 焊工磨削钨极时需戴口罩。
2. 用砂轮机或角向磨光机磨削时钨极转动方向应一致，以免磨削后的钨极在焊接时电弧有分散现象。

3. 磨削完毕，应用肥皂洗净手脸。

5. 送丝练习

送丝动作一般有两种方法，第一种方法是用拇指和食指捏住，并用中指和虎口配合托住焊丝便于操作的部位，如图 1-2-9a 所示。需要送丝时，将握住焊丝的弯曲的拇指和食指伸直，如图 1-2-9b 所示，即可将焊丝送入焊接区，然后借助中指和虎口托住焊丝，迅速弯曲拇指、食指，向上倒换捏住焊丝，如此反复地填充焊丝。

第二种方法是用拇指、食指、中指配合动作送丝，无名指和小手指夹住焊丝控制方向，如图 1-2-9c 所示，靠手臂和手腕的上下反复动作将焊丝端部的熔滴送入熔池，全位置焊时多用此法。

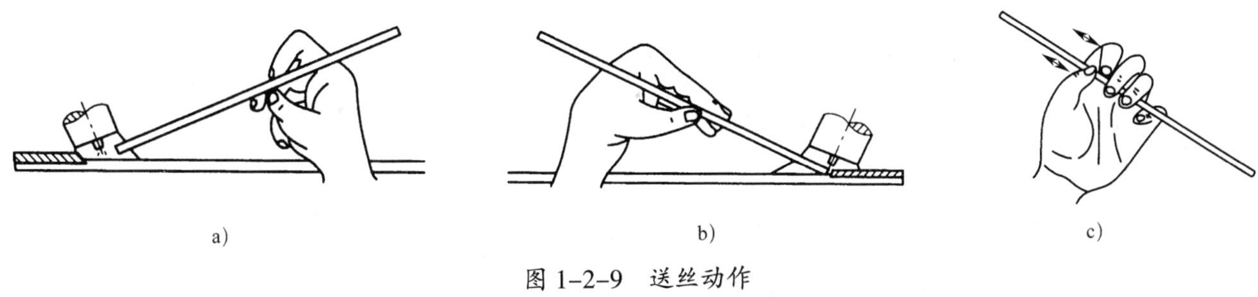

a)　　b)　　c)

图 1-2-9　送丝动作

a）握丝动作 1　b）送丝　c）握丝动作 2

（1）观看教师送丝操作视频，参照教师的动作练习送丝，并记录各组成员的送丝时间，选出送丝速度最快的 3 人展示送丝操作手法。

（2）戴好手套后练习送丝，在表 1-2-11 中记录各小组成员的送丝时间。

表 1-2-11　小组成员的送丝时间　min

姓名					
时间					

6．气路连接与流量调节

（1）明确钨极氩弧焊需要进行气路连接的地方，并简述如何进行漏气检测。

（2）打开各组连接气路的气瓶，启动焊机，调节流量，并检查有无漏气情况。

7．焊枪组装

（1）写出图 1-2-10 所示钨极氩弧焊焊枪各组成部分的名称。

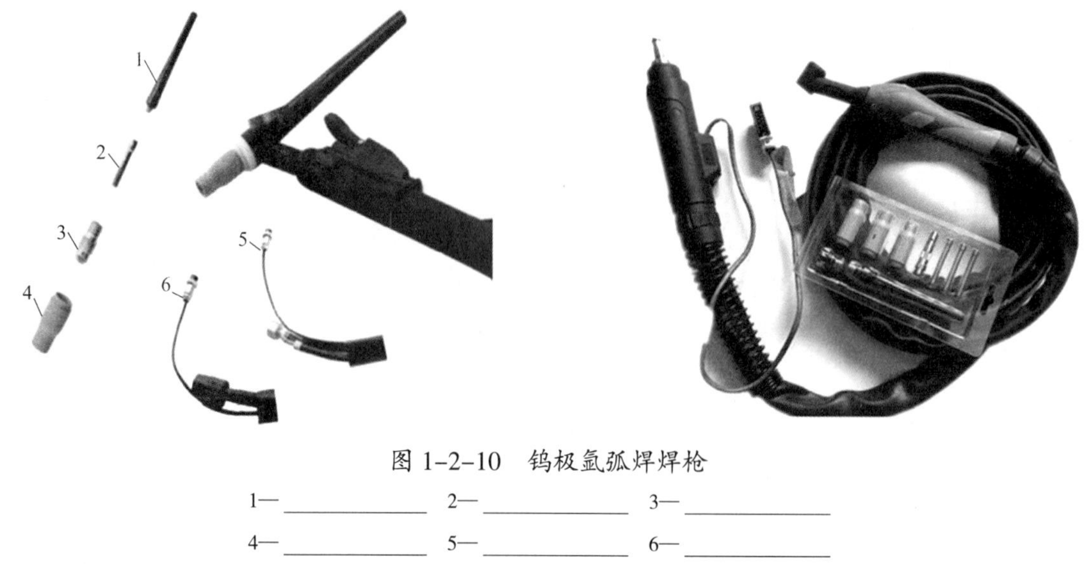

图 1-2-10　钨极氩弧焊焊枪

1—__________　2—__________　3—__________

4—__________　5—__________　6—__________

（2）观看教师组装焊枪的操作，简述焊枪组装的顺序和注意点。

（3）各组进行焊枪组装操作练习，在表 1-2-12 中记录每人组装焊枪所需时间及各组总时间。

表 1-2-12　小组成员焊枪组装时间　min

姓名					
时间					
总时间					

8．设备连接

（1）写出图 1-2-11 所示 WSM-400 型钨极氩弧焊焊机前面板中各接口的名称。

图 1-2-11　WSM-400 型钨极氩弧焊焊机

1—__________　2—__________　3—__________

4—__________　5—__________　6—__________

（2）各组根据教师的演示将焊枪连接到焊机上，并检查连接质量。

9．阅读焊机说明书，接通电源，切换氩弧焊与手弧焊、恒流与脉冲、两步焊接方式与四步焊接方式，调节电流大小，各小组派代表说明焊机调试心得。

拓展阅读

两步焊接方式与四步焊接方式

两步焊接方式是指当焊枪开关按下时开始焊接，当焊枪开关松开时停止焊接，其工作过程如图 1–2–12 所示。

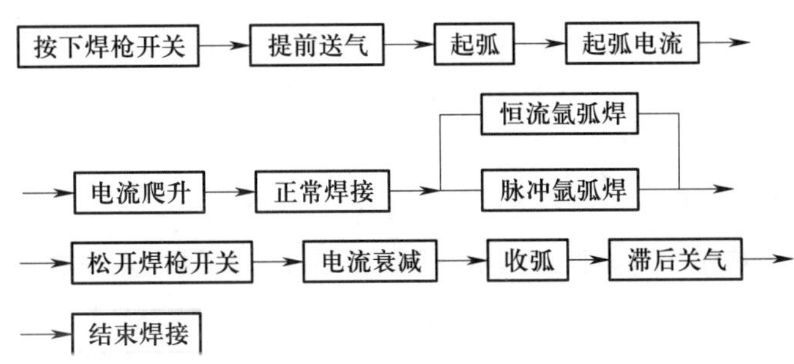

图 1–2–12　两步焊接方式工作过程

四步焊接方式是指第一次按下焊枪开关时焊机输出起弧电流，松开焊枪开关时电流开始爬升至正常焊接电流并开始焊接。焊接完成后，再次按下焊枪开关，焊接电流开始下降至收弧电流并保持，松开焊枪开关时，焊机停止输出电流，其工作过程如图 1–2–13 所示。

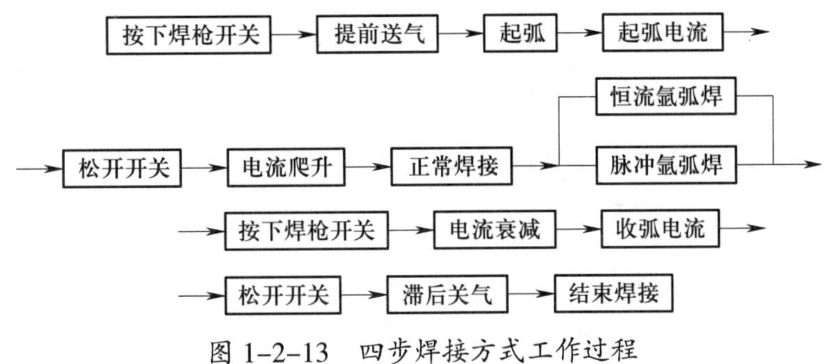

图 1–2–13　四步焊接方式工作过程

10．焊枪的运动

（1）焊接时焊枪的运动包括__________和__________，如图 1–2–14 所示。

焊枪在焊缝长度方向上移动时一般采用__________（左焊、右焊）法；在焊缝宽度方向上摆动时，通常不改变喷嘴与焊件的距离，只转动喷嘴朝向，利用电弧的吹力将熔融的金属填充到焊缝中，该方法称为__________。

（2）观看焊枪直线运动视频，在喷嘴边缘处涂上墨水，用铅笔芯代替钨极，在白纸上进行焊枪移动和摆动练习，比较各组焊枪移动后痕迹的平直度和均匀性。

（3）在钢板和角钢上练习焊枪的运动（不引弧），演示并讲解练习心得。

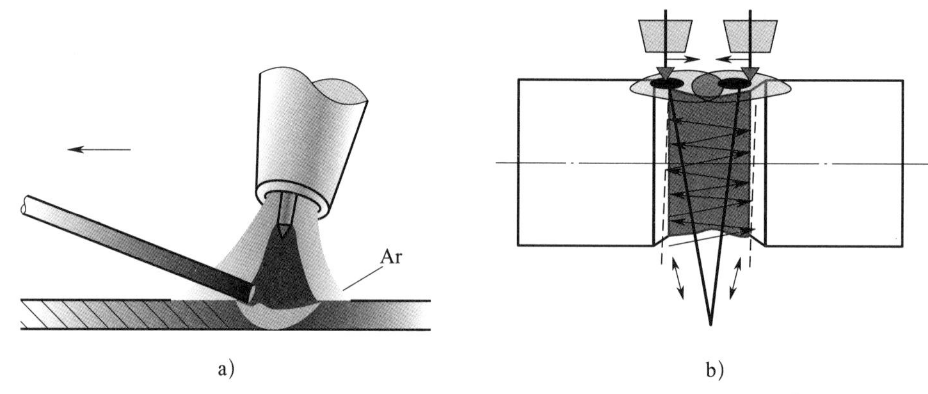

图 1–2–14　焊枪的运动

a）焊枪移动方向　b）焊枪摆动方向

四、钨极氩弧焊常见缺陷

1．在焊接生产中，由于焊接结构设计、焊接材料、焊接工艺和焊接操作方法不当等原因，往往会造成各种焊接缺陷。填写表 1–2–13 中的常见焊接缺陷及其产生原因。

表 1–2–13　常见焊接缺陷及其产生原因

缺陷名称	示意图	产生原因
裂纹	裂纹	
气孔	气孔	
夹渣	夹渣	

续表

缺陷名称	示意图	产生原因
未焊透	未焊透	
未熔合	未熔合	
咬边	咬边	
烧穿	烧穿	
焊瘤	焊瘤	

2．进行钨极氩弧焊时，由于焊接电流过大、焊接时间过长和极性错误等原因，会使钨极端部熔入焊缝中，从而产生一种特殊的缺陷——夹钨，如图 1-2-15 所示。

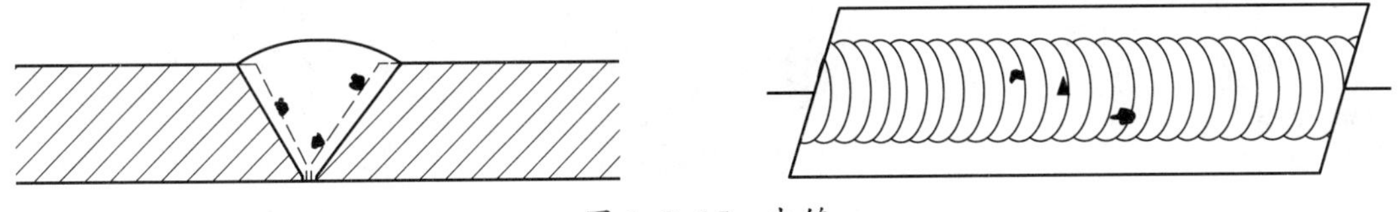

图 1-2-15　夹钨

查阅资料，简述射线探伤后胶片中缺陷的颜色是白色的原因。

拓展阅读

钨极氩弧焊焊接缺陷——夹钨

钨极氩弧焊焊后残留在焊缝中的熔渣称为夹钨。夹钨属于固体夹杂缺陷的一种，是残留在焊缝中的熔渣，根据其成形的情况不同，可分为线状的、孤立的以及其他形式的。夹钨处会降低焊缝的塑性和韧性，其尖角往往造成应力集中，特别是在空淬倾向大的焊缝中，尖角顶点常形成裂缝。焊件在受应力作用下，夹钨处会先出现裂纹并沿展，导致焊缝强度下降甚至开裂。

3．填写表 1–2–14 中焊缝检测工具的名称。

表 1–2–14　　焊缝检测工具

五、钨极氩弧焊焊机的维护及保养

1．焊机的检修应由专业人员负责，当用户遇到不能解决的问题时，应及时与供货单位联系。

2．使用注意事项

（1）三相电源的线电压应在 340 ～ 420 V，不得缺相。

（2）焊机地线连接应正确、可靠。

（3）应定期检查各连接电缆线，如果发现接头松动，应及时拧紧；否则，会烧坏接头，并造成焊接过程的不稳定。

（4）焊接结束后，应切断电源。

（5）室外使用时，雨雪天气应尽量遮盖焊机，但不得妨碍焊机通风。

3．焊机的常见故障及排除方法

焊机的常见故障、产生原因及排除方法见表 1–2–15。

表 1–2–15　　焊机的常见故障、产生原因及排除方法

序号	常见故障	产生原因	排除方法
1	开机后，指示灯不亮，焊机不工作	（1）电源缺相 （2）机内熔丝（2A）熔断 （3）断线	（1）检查电源 （2）检查风机、电源变压器、主控板是否完好 （3）检查线路
2	在没有大电流长时间工作时，后面板上的自动空气开关跳闸	（1）绝缘栅双极型晶体管（Insulated Gate Bipolar Transistor，IGBT）模块、三相整流模块、输出二极管模块或其他器件损坏 （2）线间短路	检查及更换
3	焊接电流不稳定	（1）电源缺相 （2）主控板损坏	（1）检查电源 （2）检查及更换
4	焊接电流不可调	（1）机内断线 （2）主控板损坏 （3）旋转编码器损坏	检查及更换
5	焊机面板显示 804	（1）工作电流过大 （2）环境温度过高 （3）温度继电器损坏	（1）空载等待冷却 （2）降温 （3）更换温度继电器
6	焊机面板显示 805	（1）焊枪损坏 （2）空载时，长时间按下焊枪开关	（1）检修或更换焊枪 （2）松开焊枪开关

4．焊机的定期检查及保养

（1）每年由专业维修人员用压缩空气为焊机除尘一次。同时注意检查机内有无紧固件松动现象，如有应立即排除。每月至少检查一次快速插头或接线端子的接触情况。及时检查调节旋钮是否松动。

（2）焊机使用的是__________电源，焊机故障维修及内部检修应由__________进行，焊机外部连接线的检查、防雨和表面除尘等工作可由焊工完成。

六、钨极氩弧焊平板堆焊

1．平板堆焊操作要领

采用左焊法，焊炬与焊件表面成 70° ~ 85° 夹角，填充焊丝与焊件表面的夹角以 10° ~ 15° 为宜，如图 1–2–16 所示。

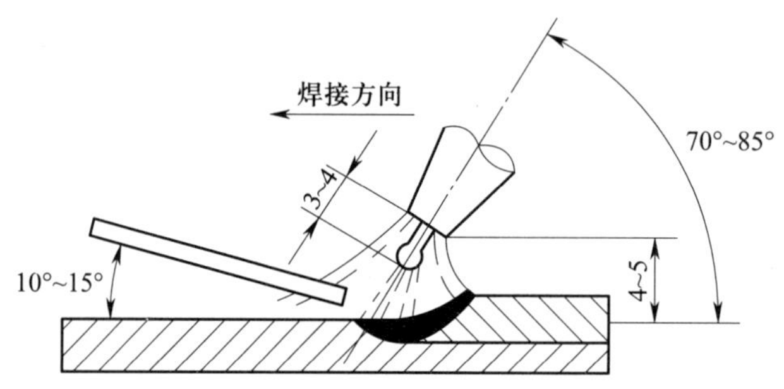

图 1–2–16　焊炬、焊件与填充焊丝的相对位置和夹角

（1）起焊

起焊时，将稳定燃烧的电弧拉向定位焊缝的边缘，用焊丝迅速触及焊接部位进行试探，当感到焊接部位变软开始熔化时，立即采用断续点滴填充法填充焊丝，即焊丝端部在氩气保护区内，向熔池边缘以滴状往复加入焊丝熔滴，焊炬向前做微微摆动。焊丝的填充和焊炬的运动要配合协调，焊炬要保持一定的弧长，平稳而均匀地前移。填充焊丝时，焊丝端部位于钨极的前下方，不可触及钨极，钨极端部要对准坡口根部的中心线，防止焊缝偏移和熔合不良。遇到定位焊缝时，可适当抬高焊炬，并加大焊炬与焊件间的角度，以保证焊透。

（2）接头

接头时，收弧动作要快，收弧的焊道长度为 10 ~ 15 mm。焊枪在停弧的地方重新引燃电弧，待熔池基本形成后，再向后压 1 ~ 2 个波纹。接头起点不加或少加焊丝，即可转入正常焊接。

（3）收弧

收弧时，不要突然拉断电弧，要往熔池里多加一些填充金属，填满弧坑（视熔池宽度而定，也可不一次填满弧坑），然后缓慢提起电弧。若还存在弧坑缺陷，可重新引弧填充焊丝，直至填满弧坑。熄弧后，焊枪应在焊缝处停留 3 ~ 5 s 再离开。

若收弧方法不正确，在收弧处容易产生弧坑裂纹、气孔和烧穿等缺陷。因此，收弧技术的好坏将直接影响焊缝质量和美观程度。

2．平板堆焊焊接参数

将一块规格为 300 mm×200 mm×8 mm 的 Q235 钢板表面打磨干净并划线，如图 1–2–17 所示，准备直径为 2.5 mm 的 H08A 焊丝若干，选用直径为 2 mm 的 WCe20 铈钨极，正确选择焊接参数并记录在表 1–2–16 中。

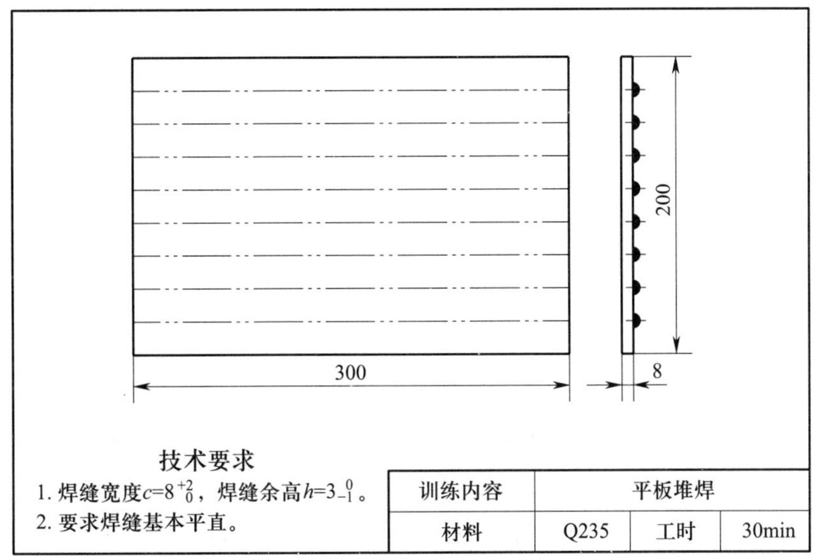

图 1-2-17　平板堆焊焊件图

表 1-2-16　　平板堆焊焊接参数

焊道层次	钨极直径 /mm	喷嘴直径 /mm	钨极伸出长度 /mm	氩气流量 /（L/min）	焊丝直径 /mm	焊接电流 /A
1	2	8 ~ 12	3 ~ 4	8 ~ 12	2.5	70 ~ 90
2						

3．观看教师演示操作，各组分别进行钨极氩弧焊平板堆焊操作练习，并记录焊接过程中存在的问题。

（1）简述焊接过程中存在的问题并分析原因。

（2）检测焊缝的表面质量，并将检测结果填入表 1-2-17 中。

表 1-2-17　　钨极氩弧焊平板堆焊质量检测评分表

项目	分值	评分标准	得分	备注
焊缝宽度 c	10	c=4 ~ 6 mm，超差不得分		
焊缝宽度差 c'	10	$c' \leqslant$ 1 mm，超差不得分		
焊缝余高 h	10	h=0 ~ 2 mm，超差不得分		
焊缝余高差 h'	10	$h' \leqslant$ 1 mm，超差不得分		
焊后角变形 a	10	$a \leqslant 3°$，超差不得分		
气孔	10	每出现一处扣 5 分		
咬边	10	每出现一处扣 5 分		
凹陷	10	每出现一处扣 5 分		
焊缝美观程度	20	好：不扣分；较好：扣 5 分；一般：扣 10 分；差：扣 15 分		
合计	100	总得分		

拓展阅读

焊缝目视检验项目

焊缝目视检验是焊缝外观检验的常用方法，其检验项目、检验部位、质量要求等见表 1-2-18。

表 1-2-18　　焊缝目视检验

检验项目	检验部位	质量要求	备注
清理质量	所有焊缝及其边缘	无焊渣、飞溅物及阻碍检验的附着物等	
几何形状	焊缝与母材连接处	焊缝完整且不得有漏焊处，连接处应圆滑过渡	可用焊接检验尺测量
	焊缝形状和尺寸急剧变化的部位	焊缝高低、宽窄及结晶焊波应均匀	
焊接缺陷	1. 整条焊缝和热影响区附近 2. 重点检查焊缝的接头部位、收弧部位、几何形状和尺寸突变部位	1. 无裂纹、夹渣、焊瘤和烧穿等缺陷 2. 气孔、咬边应符合有关标准规定	1. 接头部位易产生焊瘤、咬边等缺陷 2. 收弧部位易产生弧坑、裂纹等缺陷
伤痕补焊	装配拉肋板拆除部位	无缺焊及遗留焊疤	
	母材引弧部位	无表面气孔、裂纹、夹渣、疏松等缺陷	
	母材机械划伤部位	划伤部位不应有明显的棱角和沟槽，伤痕深度不超过有关标准规定	

4．总结钨极氩弧焊平板堆焊操作，字数不少于 100 字。

七、子活动学习评价

根据子活动 2 的学习过程，完成本学习活动的评价，将评价结果填入表 1–2–19 中。

表 1–2–19　　　　子活动评价表

子活动名称：钨极氩弧焊基本操作　　小组名称：________　　组员姓名：________

<table>
<tr><th colspan="2" rowspan="3">评价项目</th><th rowspan="3">评价内容</th><th rowspan="3">评价依据</th><th colspan="3">评价方式</th><th rowspan="3">权重</th><th rowspan="3">得分小计</th><th rowspan="3">总分</th></tr>
<tr><th>自我评价</th><th>小组评价</th><th>教师评价</th></tr>
<tr><th>10%</th><th>40%</th><th>50%</th></tr>
<tr><td rowspan="5">关键能力</td><td rowspan="3">社会能力</td><td>安全、文明操作</td><td>操作规范、安全</td><td></td><td></td><td></td><td>10%</td><td rowspan="3"></td><td rowspan="10"></td></tr>
<tr><td>团队协作能力</td><td>分工明确、互相配合</td><td></td><td></td><td></td><td>10%</td></tr>
<tr><td>沟通表达能力</td><td>仪容仪表、演示发言</td><td></td><td></td><td></td><td>10%</td></tr>
<tr><td rowspan="2">方法能力</td><td>信息处理能力</td><td>工作小结</td><td></td><td></td><td></td><td>10%</td><td rowspan="2"></td></tr>
<tr><td>学习能力</td><td>工作页完成情况</td><td></td><td></td><td></td><td>10%</td></tr>
<tr><td colspan="2" rowspan="5">专业能力</td><td>钨极磨削质量</td><td>钨极端部斜度、尖度</td><td></td><td></td><td></td><td>10%</td><td rowspan="5"></td></tr>
<tr><td>焊枪组装质量</td><td>组装时间、牢固度</td><td></td><td></td><td></td><td>10%</td></tr>
<tr><td>送丝水平</td><td>送丝平稳性、时间</td><td></td><td></td><td></td><td>10%</td></tr>
<tr><td>焊枪运动水平</td><td>焊枪运动痕迹</td><td></td><td></td><td></td><td>10%</td></tr>
<tr><td>焊接质量</td><td>评分表</td><td></td><td></td><td></td><td>10%</td></tr>
<tr><td colspan="2">指导教师综合评价</td><td colspan="8">

指导教师签名：　　　　　　　　日期：</td></tr>
</table>

注：自我评价、小组评价、教师评价均采用百分制。

子活动 3　低合金钢管对接水平转动钨极氩弧焊

管道对接水平转动焊接是管道对接各位置中操作难度最低的，也是初学者最容易掌握的。通过该位置的焊接技能学习有助于焊工熟悉管道焊接的基本特点，也可为管道对接其他位置的焊接学习打下基础。

低碳钢或低合金钢管对接水平转动钨极氩弧焊技能是《国家职业技能标准　焊工》中要求初级焊工掌握的技能之一，也是管道焊接的基础技能，其焊接位置基本处于平焊位，简单易学，焊工需要从焊件图中读取相关信息，并按照焊接工艺卡规定的焊接参数进行焊接。

一、焊件图与焊接工艺卡

1．焊件图（图 1–2–18）

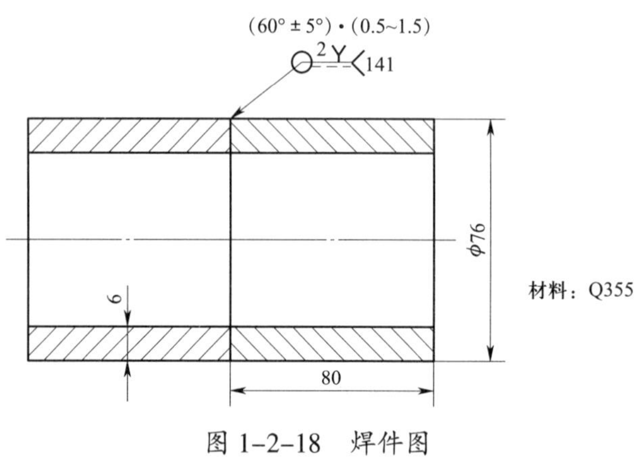

图 1–2–18　焊件图

如图 1–2–18 所示，管子的材料为__________，规格为__________ mm。

“(60° ± 5°) • (0.5~1.5) 2Y 141” 表示母材开__________形坡口，坡口角度为__________，钝边为__________ mm，根部间隙为__________ mm，其中“141”表示焊接方法为__________。

2．焊接工艺卡

低合金钢管对接水平转动钨极氩弧焊焊接工艺卡见表 1–2–20。

表 1–2–20　焊接工艺卡

<table>
<tr><td>工程名称</td><td colspan="3">低合金钢管对接水平转动钨极氩弧焊</td><td>工艺卡编号</td><td colspan="3">01</td></tr>
<tr><td>材质</td><td>Q355</td><td>规格</td><td>φ76 mm × 6 mm</td><td>焊接方法</td><td>钨极氩弧焊</td><td>焊工资格</td><td>特种作业操作证</td></tr>
<tr><td>焊评编号</td><td colspan="2">无</td><td>无损检测</td><td colspan="2">按《承压设备无损检测　第 2 部分：射线检测》（NB/T 47013.2—2015），采用检测比例为 100% 的 X 射线检测</td><td>合格等级</td><td>Ⅱ级</td></tr>
</table>

续表

<table>
<tr><td colspan="3">适用范围</td><td colspan="6">管道对接水平转动焊缝</td></tr>
<tr><td>焊接层次</td><td>焊接电流 /A</td><td>电弧电压 /V</td><td>氩气流量 /（L/min）</td><td>钨极直径 /mm</td><td>焊丝直径 /mm</td><td>钨极伸出长度 /mm</td><td>喷嘴直径 /mm</td><td>喷嘴至焊件距离 /mm</td></tr>
<tr><td>1</td><td>80 ~ 105</td><td rowspan="3">10 ~ 12</td><td rowspan="3">8 ~ 10</td><td rowspan="3">2</td><td rowspan="3">2.5</td><td rowspan="3">4 ~ 6</td><td rowspan="3">8 ~ 10</td><td rowspan="3">≤ 10</td></tr>
<tr><td>2</td><td>90 ~ 105</td></tr>
<tr><td>3</td><td>100 ~ 110</td></tr>
<tr><td>坡口尺寸及熔敷图</td><td colspan="3">60° ± 5°
h_1　c　3　2　1　6
h_2
c：坡口侧增宽 1 ~ 2 mm
h_1、h_2：在 0 ~ 3 mm 范围内取值</td><td>焊接技术要求</td><td colspan="4">1. 按圆周方向在管子 V 形坡口 1（3 点钟）处进行定位焊，每处定位焊缝长度为 10 ~ 15 mm，要求焊透，不得有气孔、夹渣、未焊透等缺陷。定位焊缝两端修成斜坡状，以便于接头
2. 管子定位焊应采用与正式焊接相同的焊接方法和焊接材料，焊丝型号为 ER50-6，氩气纯度≥ 99.99%
3. 管子焊接时，焊缝高度不限，焊接过程中不准改变焊接位置
4. 焊接完毕，应认真清理管子表面的焊渣、飞溅物等，不能破坏焊缝的原始表面
5. 所有对接焊缝均需进行射线探伤和水压试验检测</td></tr>
</table>

从焊接工艺卡中可以看出，焊缝分__________层__________道焊接，定位焊缝共有__________处，每处长度为__________ mm，焊后需经__________探伤，合格等级为__________级，焊缝余高为__________ mm。

二、焊前准备

1．焊接所需设备、材料、工具及安全防护用品。

（1）在图 1-2-19 中用线将钨极氩弧焊设备连接好，并在钨极氩弧焊焊机上标明正负极。

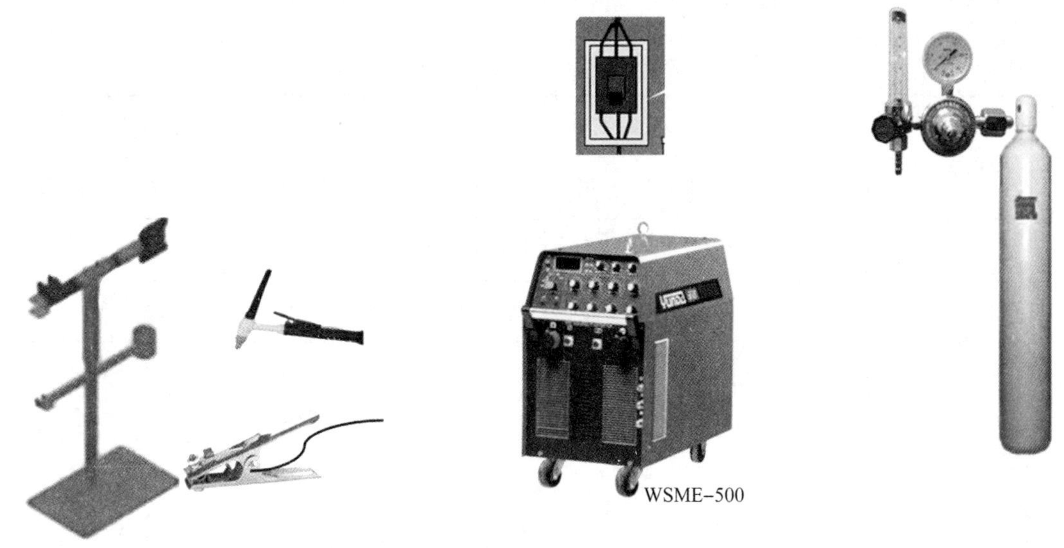

图 1-2-19　钨极氩弧焊设备

（2）填写图 1–2–20 所示安全防护用品及辅助工具。

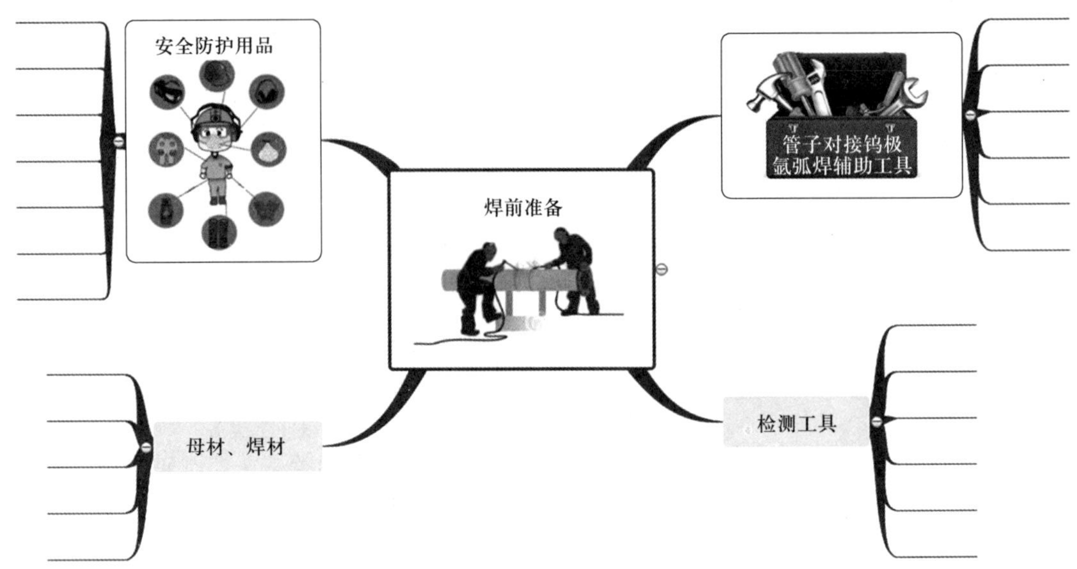

图 1–2–20　安全防护用品及辅助工具

2．将焊前安全检查项目的序号填入对应的括号内，并完成相应的安全检查。

（1）周围 10 m 范围内无易燃、易爆物品，焊接场地面积≥ 4 m^2 且照明良好。（　　）

（2）焊机接地或接零，无漏电、漏水（水冷式）现象，风扇运转正常，通风、除尘系统正常。（　　）

（3）能正常使用，电动装置无漏电、电缆破损现象。（　　）

（4）装夹牢固，电动装置无漏电现象。（　　）

（5）面罩和护目镜片遮挡严密，无漏光现象；焊接防护服、焊接防护手套及安全防护鞋无破损，能正常使用；防尘口罩可过滤或隔离烟尘和有毒气体。（　　）

A．设备　　B．夹具　　C．安全防护用品　　D．工具　　E．场地

3．根据准备要求的内容，在表 1–2–21 中焊接材料栏填写对应的焊材名称。

表 1–2–21　钨极氩弧焊焊材及其准备要求

序号	焊接材料	准备要求
1		坡口及内、外两侧各 20 ~ 30 mm 范围内打磨干净，露出金属光泽
2		钨极端部磨削成圆锥状或圆台形
3		连接牢靠，无泄漏现象，纯度符合焊接要求

4．观看管材清理视频和教师示范，各组做好管材清理工作。

三、装配与焊接

1．装配

将管子在管口钳等夹具上固定，错边量 <1 mm。定位焊应采用手工钨极氩弧焊工艺，选用焊接工艺卡规

定的焊丝和焊接参数进行焊接。如图 1–2–21 所示，定位焊缝应直接焊在坡口内，分别在焊接时钟 6 点和 9 点焊两点，定位焊缝长度为 10 ~ 15 mm，高度为 2 ~ 3 mm，无裂纹、气孔等缺陷，并将合格的定位焊缝两端打磨成斜坡状。测量并记录多次练习时的钝边和根部间隙，填入表 1–2–22 中。

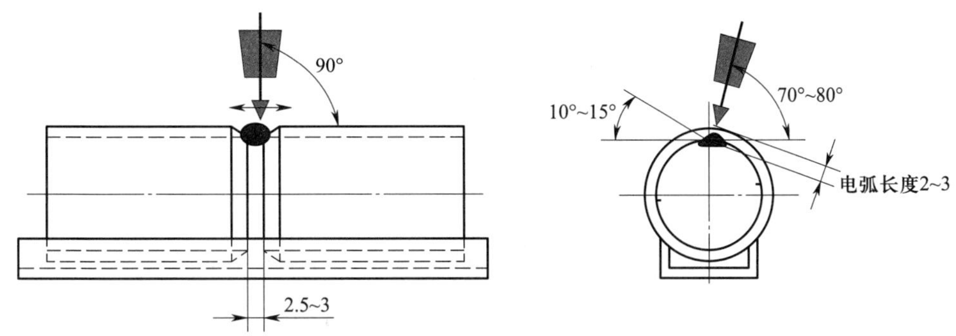

图 1–2–21　定位焊焊枪与焊件、焊丝角度

表 1–2–22　管子装配尺寸

装配数据	第 1 次	第 2 次	第 3 次	第 4 次	第 5 次	第 6 次	第 7 次
钝边 /mm							
根部间隙 /mm							

2．将装配好的管子进行反变形，变形角≤__________，并放置在水平位置。

3．焊接

（1）焊接操作要领

管子采用转动焊接，相当于平焊，操作简便，质量易保证，生产效率高。焊接时可以采用滚动支承架和转胎来转动管了，也可以手工转动。手工转动时，每次焊接 1/4 圈（一般可以从焊接时钟 10：30 焊到 1：30，也可反向从焊接时钟 1：30 焊到 10：30），如图 1–2–22 所示，最多转动 3 次后完成焊接。

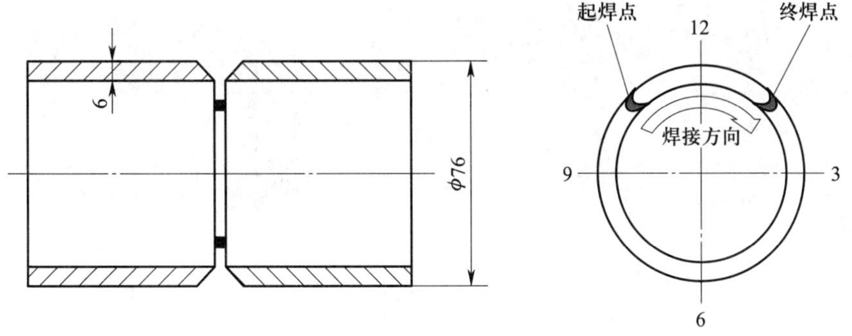

图 1–2–22　管子转动焊位置

1）打底层焊接。从管子截面上相当于焊接时钟 1：30 间隙最小处（1.5 mm）引弧，进行爬坡焊，焊枪与焊件、焊丝角度如图 1–2–23 所示。先不加焊丝，待坡口根部熔化后，将焊丝轻轻地向熔池里送一下，同

时向管内摆动，将液态金属送到坡口根部，以保证背面焊缝的高度。填充焊丝的同时，焊枪做小幅度横向摆动并向左均匀移动。每焊完一段转动一次管子，把接头的位置转到管子截面上相当于焊接时钟 1：30 的位置。

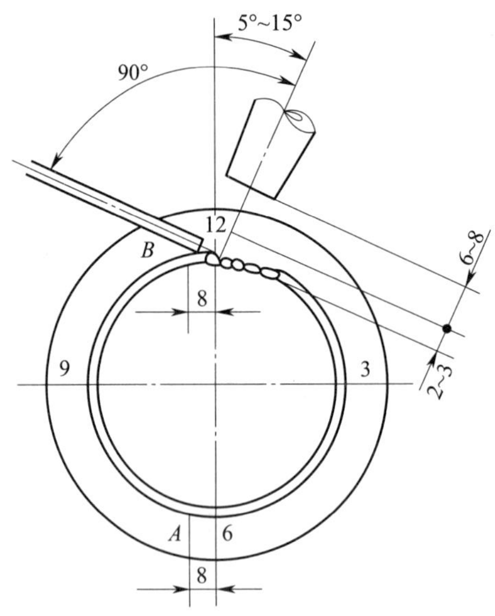

图 1-2-23　焊枪与焊件、焊丝角度

在焊接过程中，填充焊丝以往复运动方式间断地送入电弧内的熔池前方，在熔池前呈滴状加入。焊丝送进速度要均匀，以保证焊缝成形美观。

2）填充层焊接。焊枪与焊丝角度同打底层焊接一致，焊接时焊枪摆动幅度增大，其他注意事项与钢板平焊相同。图 1-2-24a 所示为填充层焊后的焊件。

3）盖面层焊接。施焊时，焊枪与焊丝角度、运枪方法同填充层焊接一致，但焊枪横向摆动的幅度应比填充层焊接更宽，以保证熔池两侧超过坡口边缘 0.5 ~ 1 mm，并按焊缝余高决定送丝速度与焊接速度，尽可能保持焊接速度均匀，熄弧时必须填满弧坑。图 1-2-24b 所示为盖面层焊后的焊件。

a)

b)

图 1-2-24　管子转动焊位置

a）填充层焊后的焊件　b）盖面层焊后的焊件

（2）观看管道对接水平转动钨极氩弧焊教师操作示范，选用合适的焊接参数，分组进行焊接技能练习，在表 1-2-23 中记录焊接时实际选用的焊接参数。

表 1-2-23　　管道对接水平转动钨极氩弧焊焊接参数

焊接道次	焊接电流 /A	电弧电压 /V	气体流量 /（L/min）	钨极直径 / mm	焊丝直径 / mm	喷嘴直径 / mm	钨极伸出长度 / mm	喷嘴至焊件距离 / mm
1								
2								
3								

（3）简述焊接过程中存在的问题并提出解决方案。

4．填写表 1-2-24 中焊后清理内容及要求。

表 1-2-24　　焊后清理内容及要求

序号	内容	要求
1		切断电源、气路
2		放入专门的场所
3		干净，整洁，符合“6S”管理规定的要求
4		表面干净，无打磨痕迹

四、检验

1．观看教师管道焊接质量检验操作示范，学习使用焊接检测工具。

2．各组分工合作，将每名组员的焊接外观质量检验结果填入技能鉴定评分表（表 1-2-25）中，分别计算自检得分、小组检验得分和教师检验得分，填入表 1-2-26 中。

表 1-2-25　　技能鉴定评分表

序号	考核内容	考核要点	配分	评分标准	检验结果	扣分
1	焊前准备	着装符合要求，工具及安全防护用品准备齐全，参数设置、设备调试正确	5	着装不符合要求，工具及安全防护用品不齐全，参数设置、设备调试不正确，一项不正确扣 1 分		
2	焊接操作	焊件固定的空间位置符合要求	10	焊件固定的空间位置超出规定范围，扣 10 分		

续表

序号	考核内容	考核要点	配分	评分标准	检验结果	扣分
3	外观质量	焊缝表面不允许有焊瘤、气孔、烧穿、夹渣等缺陷	10	出现任何一项缺陷，该项不得分		
		焊缝咬边	8	（1）咬边深度≤ 0.5 mm 时，每 5 mm 扣 1 分，累计长度超过焊缝有效长度的 15% 时，扣 8 分 （2）咬边深度 >0.5 mm 时，扣 8 分		
		未焊透	8	（1）未焊透深度≤ 15%δ 且≤ 1.5 mm 时，累计长度超过焊缝有效长度的 10% 时，扣 8 分 （2）未焊透深度 >1.5 mm 时，扣 8 分		
		背面凹坑	4	（1）深度≤ 20%δ 且≤ 2 mm 时，累计长度超过有效长度的 10% 时，扣 4 分 （2）深度 >2 mm 时，扣 4 分		
		焊缝余高、焊缝宽度及宽度差	10	焊缝余高为 0 ~ 3 mm，焊缝宽度比坡口每侧增宽 0.5 ~ 2.5 mm，宽度差≤ 3 mm，一项尺寸超标则扣 2 分，扣满 10 分为止		
		错边量≤ 10%δ	5	超差不得分		
		焊后角变形≤ 3°	5	超差不得分		
4	内部质量	X 射线探伤	30	根据 GB/T 9444—2019，SM001 级、LM001 级、AM001 级为满分，每降一级扣 5 分，扣完为止		
5	其他	安全文明生产	5	设备复原，工具摆放整齐，清理焊件，打扫场地，关闭电源，一处不符合要求扣 1 分		
6	定额	操作时间		每超过 1 min 从总分中扣 2 分		
合计（自检）			100	总得分		

注：焊缝出现裂纹、未熔合缺陷；焊接时间超过时间定额 50%；焊缝原始表面破坏。若有以上情形之一，直接判定为不合格。

表 1-2-26　　检验结果

检验方式	自检（10%）	小组检验（40%）	教师检验（50%）	总分
得分				

拓展阅读

射线探伤

射线探伤是利用某种射线来检查焊缝内部缺陷的一种方法。常用的射线有 X 射线和 γ 射线两种。X 射线和 γ 射线能不同程度地透过金属材料，对照相胶片产生感光作用。利用这种性能，当射线通过被检查的焊缝时，因焊缝缺陷对射线的吸收能力不同，使射线落在胶片上的强度不一样，胶片感光程度也不一样，这样就能准确、可靠、非破坏性地显示缺陷的形状、位置和大小。

X射线透照时间短，速度快，当检查厚度小于30 mm时，显示缺陷的灵敏度高，但设备复杂，费用高，穿透能力比γ射线小。γ射线能透照300 mm厚的钢板，透照时不需要电源，方便野外工作，环缝时可一次曝光，但透照时间长，不宜用于厚度小于50 mm构件的透照。进行射线探伤的人员需持有射线探伤等级证书。

3．按照世界技能大赛外观检验和内部质量检验标准进行评分，将评分结果填入表1–2–27、表1–2–28中。

表1–2–27　　评分表1（世界技能大赛国内选拔赛用）

序号	分值	评分内容	要求	实测值 / 结果	得分
1	0.5	对接焊缝咬边或未焊透是否在允许范围内	是 / 否		
		允许咬边最大深度为0.5 mm			
		不允许有未焊透			
2	0.5	对接焊缝余高是否在允许范围内	是 / 否		
		允许余高≤2.5 mm且同一道焊缝的变化范围≤1.5 mm			
3	0.5	对接焊缝宽度是否均匀一致	是 / 否		
		允许宽度差≤2 mm			
4	0.4	对接焊缝是否有电弧擦伤	是 / 否		
5	0.5	盖面和根部焊道表面无打磨痕迹			
6	0.5	对接焊缝根部凹陷是否在允许范围内，允许最大值为0.5 mm	是 / 否		
		若熔透率<100%此项不得分			
7	0.5	对接焊缝根部凸度是否在允许范围内，允许最大值为2 mm	是 / 否		
		若熔透率<100%此项不得分			
总分		3.4分	实际得分		

表 1–2–28　　评分表 2（世界技能大赛国内选拔赛用）《金属熔化焊焊接接头射线照相》（GB/T 3323—2005）

序号	分值	评分内容	要求	实测值 / 结果	得分
1	7	A 级：无缺陷	按等级		
2	5	B 级：焊缝内无裂纹、未熔合和未焊透			
3	3	C 级：焊缝内无裂纹、未熔合以及双面焊和加垫板的单面焊中的未焊透。不加垫板的单面焊中的未焊透允许长度按条状夹渣长度的Ⅲ级评定			
4	1	D 级：焊缝缺陷超过 C 级			

4．总结子活动 3 的学习心得，字数不少于 200 字。

五、子活动学习评价

根据子活动 3 的学习过程，完成本学习活动的评价，将评价结果填入表 1–2–29 中。

表 1–2–29　　子活动评价表

子活动名称：低合金钢管对接水平转动钨极氩弧焊　　小组名称：＿＿＿＿＿＿　　组员姓名：＿＿＿＿＿＿

<table>
<tr><th colspan="2" rowspan="3">评价项目</th><th rowspan="3">评价内容</th><th rowspan="3">评价依据</th><th colspan="3">评价方式</th><th rowspan="3">权重</th><th rowspan="3">得分小计</th><th rowspan="3">总分</th></tr>
<tr><th>自我评价</th><th>小组评价</th><th>教师评价</th></tr>
<tr><th>10%</th><th>40%</th><th>50%</th></tr>
<tr><td rowspan="5">关键能力</td><td rowspan="3">社会能力</td><td>安全、文明操作</td><td>操作规范、安全</td><td></td><td></td><td></td><td>10%</td><td rowspan="3"></td><td rowspan="5"></td></tr>
<tr><td>团队协作能力</td><td>分工明确、互相配合</td><td></td><td></td><td></td><td>10%</td></tr>
<tr><td>沟通表达能力</td><td>仪容仪表、演示发言</td><td></td><td></td><td></td><td>10%</td></tr>
<tr><td rowspan="2">方法能力</td><td>信息处理能力</td><td>工作小结</td><td></td><td></td><td></td><td>10%</td><td rowspan="2"></td></tr>
<tr><td>学习能力</td><td>工作页完成情况</td><td></td><td></td><td></td><td>10%</td></tr>
</table>

续表

评价项目	评价内容	评价依据	评价方式			权重	得分小计	总分
			自我评价	小组评价	教师评价			
			10%	40%	50%			
专业能力	焊接质量	评分表				50%		
指导教师综合评价	指导教师签名：　　　　　　　　日期：							

注：自我评价、小组评价、教师评价均采用百分制。

子活动 4　低合金钢管对接垂直固定钨极氩弧焊

管道对接垂直固定钨极氩弧焊是钢管横位焊接，焊接操作手法与钢板横位对接相似。该位置焊接在工业生产中较为常见，焊接难度一般。钢管对接垂直固定焊接技能是完成管道焊接任务的必备技能。

低碳钢或低合金钢管对接垂直固定钨极氩弧焊技能是《国家职业技能标准　焊工》中要求中级焊工掌握的技能之一，掌握该技能也是完成燃气管道焊接任务的前提。焊工需要从焊件图中读取相关信息，并按照焊接工艺卡规定的焊接参数进行焊接。

一、焊件图与焊接工艺卡

1．焊件图（图 1-2-25）

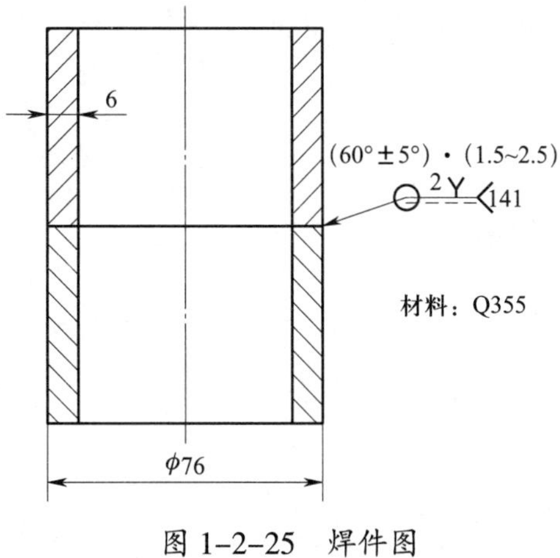

图 1-2-25　焊件图

如图 1-2-25 所示，管子的材料为__________，规格为________ mm。

“$(60°\pm5°)\cdot(1.5\sim2.5)$ ○2 Y 141”表示母材开__________形坡口，坡口角度为__________，钝边为________ mm，根部间隙为________ mm，其中“141”表示焊接方法为______________。

2．焊接工艺卡

低合金钢管对接垂直固定钨极氩弧焊焊接工艺卡见表 1-2-30。

表 1-2-30　　焊接工艺卡

工程名称	低合金钢管对接垂直固定钨极氩弧焊			工艺卡编号		01		
材质	Q355	规格	ϕ76 mm × 6 mm	焊接方法		钨极氩弧焊	焊工资格	特种作业操作证
焊评编号	无		无损检测	按《承压设备无损检测　第 2 部分：射线检测》(NB/T 47013.2—2015)，采用检测比例为 100% 的 X 射线检测			合格等级	Ⅱ级
适用范围			管道对接垂直固定焊缝					
焊接层次	焊接电流 /A	电弧电压 /V	气体流量 /(L/min)	钨极直径 /mm	焊丝直径 /mm	喷嘴直径 /mm	钨极伸出长度 /mm	喷嘴至焊件距离 /mm
定位焊	80 ~ 95	11 ~ 13	8 ~ 10	2	2.5	8	5 ~ 7	≤ 8
1	80 ~ 95		8 ~ 10					
2、3	70 ~ 90		6 ~ 8					
坡口尺寸及熔敷图	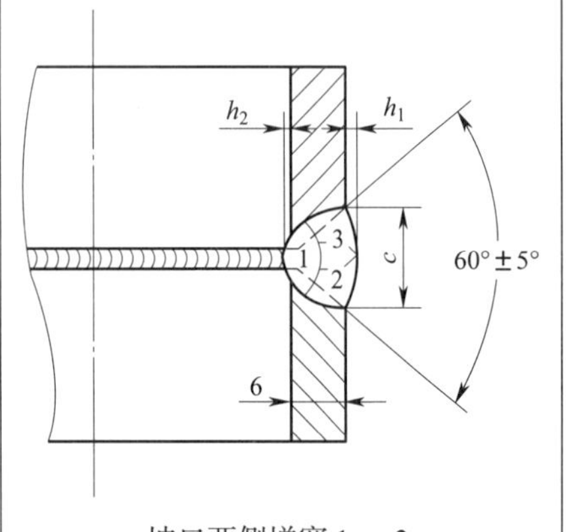 c：坡口两侧增宽 1 ~ 2 mm h_1、h_2：在 0 ~ 3 mm 范围内取值			焊接技术要求	1．按圆周方向在管子 V 形坡口均布 2 ~ 3 处定位焊点，每处定位焊缝长度为 10 ~ 15 mm，要求焊透，不得有气孔、夹渣、未焊透等缺陷。定位焊缝两端修成斜坡状，以便于接头 2．管子定位焊应采用与正式焊接相同的焊接方法和焊接材料，焊丝型号为 ER50-6，氩气纯度≥ 99.99% 3．管子焊接时，焊缝高度不限，焊接过程中不准改变焊接位置 4．焊接完毕，应认真清理管子表面的焊渣、飞溅物等，不能破坏焊缝的原始表面 5．所有对接焊缝均需进行射线探伤和水压试验检测			

从焊接工艺卡中可以看出，焊缝分__________层__________道焊接，定位焊缝共有__________处，每处长度为__________ mm，焊后需经__________探伤，合格等级为__________级，焊缝余高为__________ mm。

二、焊前准备

1．分别填写表 1-2-31 ~表 1-2-35 中焊接所需的设备、工具、材料、安全防护用品和检测工具清单。

表 1-2-31　设备清单

序号	设备名称	牌号、型号或规格	数量	备注
1				
2				
3				
4				
5				
6				
7				

表 1-2-32　工具清单

序号	工具名称	数量	备注
1			
2			
3			
4			
5			
6			
7			
8			
9			
10			

表 1-2-33　材料清单

序号	材料名称	牌号、型号或规格	数量	备注
1				
2				
3				
4				
5				

表 1-2-34　　安全防护用品清单

序号	安全防护用品名称	数量	备注
1			
2			
3			
4			
5			
6			

表 1-2-35　　检测工具清单

序号	检测工具名称	数量	备注
1			
2			
3			
4			
5			

2．简述焊前各安全检查项目的要求。

（1）场地：

（2）设备：

（3）工具：

（4）夹具：

（5）安全防护用品：

3．简述所准备的下列材料的要求。

（1）管材：

（2）钨棒：

（3）气体及供气系统：

4．根据清单和要求，将设备、工具、材料和安全防护用品准备完毕。

三、装配与焊接

1．装配

将管子在管口钳等夹具上固定，错边量 <1 mm。定位焊应采用手工钨极氩弧焊，选用焊接工艺卡规定的焊丝和焊接参数进行焊接。如图 1–2–26 所示，定位焊缝应直接焊在坡口内，焊 3 点，定位焊缝长度为 10 ~ 15 mm，高度为 2 ~ 3 mm，无裂纹、气孔等缺陷，并将合格的定位焊缝两端打磨成斜坡状。测量并记录多次练习时的钝边和根部间隙，填入表 1–2–36 中。

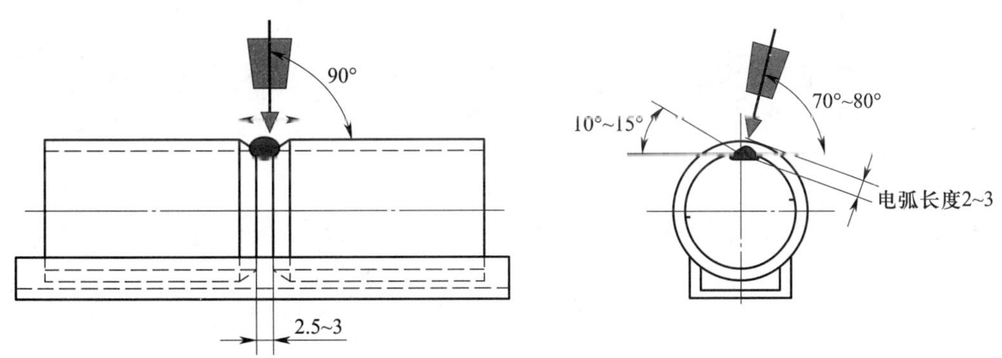

图 1–2–26 定位焊焊枪与焊件、焊丝角度

表 1–2–36 管子装配尺寸

装配数据	第 1 次	第 2 次	第 3 次	第 4 次	第 5 次	第 6 次	第 7 次
钝边 /mm							
根部间隙 /mm							

2．将装配好的管子进行反变形，变形角≤__________，并在垂直位置固定。

3．焊接

（1）焊接操作要领

1）打底层焊接。在右侧间隙最小处（2 mm）引弧，先不填加焊丝，待坡口根部熔化形成熔滴后，将焊丝轻轻地向熔池里送一下，同时向管内摆动，将液态金属送到坡口根部，以保证背面焊缝的高度。填充焊丝的同时，焊枪做小幅度横向摆动并向左均匀移动。

当焊工要移动位置暂停焊接时，应按收弧要点操作。焊工再进行焊接时，应将收弧处修磨成斜坡状并清理干净，才可填加焊丝，继续从右向左进行焊接。打底层焊接焊枪与焊件、焊丝角度如图 1–2–27 所示。

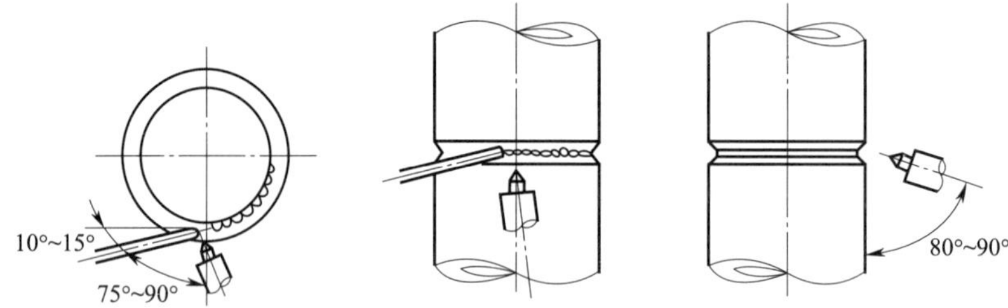

图 1–2–27 打底层焊接焊枪与焊件、焊丝角度

2）盖面层焊接。盖面层焊缝由上、下两道组成。先焊下面的焊道，后焊上面的焊道，焊道层次分布与焊枪角度如图 1–2–28 所示。焊下面的盖面层焊道时，电弧对准打底层焊道下沿，使熔池下沿超出管子坡口棱边 0.5 ～ 1.5 mm；焊上面的盖面层焊道时，电弧对准打底层焊道上沿，使熔池超出管子坡口棱边 0.5 ～ 1.5 mm。

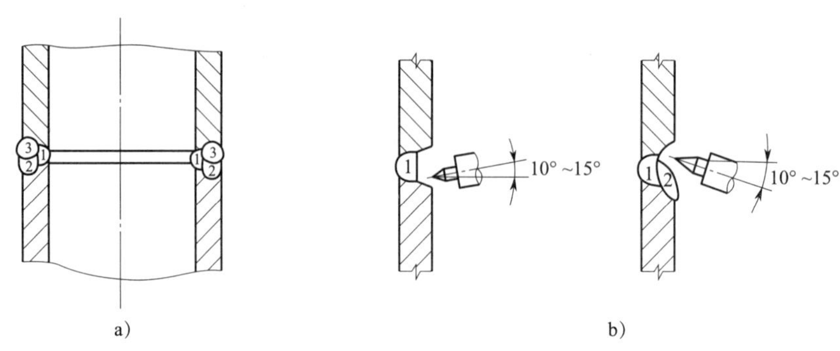

图 1–2–28 焊道层次分布与焊枪角度

a）焊道层次分布 b）焊枪角度

（2）观看管道对接垂直固定钨极氩弧焊视频和教师操作示范，选用合适的焊接参数，分组进行焊接技能练习，在表 1–2–37 中记录焊接时实际选用的焊接参数。

表 1–2–37 管道对接垂直固定钨极氩弧焊焊接参数

焊接道次	焊接电流 /A	电弧电压 /V	气体流量 /（L/min）	钨极直径 / mm	焊丝直径 / mm	喷嘴直径 / mm	钨极伸出长度 / mm	喷嘴至焊件距离 / mm
1								
2								
3								

（3）简述焊接过程中存在的问题并提出解决方案。

4．填写表 1–2–38 中焊后清理内容及要求。

表 1–2–38　　焊后清理内容及要求

序号	内容	要求
1		
2		
3		
4		
5		

四、检验

1．焊接质量检验包括外部质量检验和内部质量检验两方面。焊后外观质量检验可借助焊接检验尺、低倍放大镜、标准样板、手电筒和量规等检验工具，检验焊接接头的形状、尺寸和缺陷等。各组分工合作，将每名组员的焊接外观质量检验结果填入技能鉴定评分表（表 1–2–39）中，分别计算自检得分、小组检验得分和教师检验得分，填入表 1–2–40 中。

表 1–2–39　　技能鉴定评分表

序号	考核内容	考核要点	配分	评分标准	检测结果	扣分
1	焊前准备	着装符合要求，工具及安全防护用品准备齐全，参数设置、设备调试正确	5	着装不符合要求，工具及安全防护用品不齐全，参数设置、设备调试不正确，一项不正确扣 1 分		
2	焊接操作	焊件固定的空间位置符合要求	10	焊件固定的空间位置超出规定范围，扣 10 分		
3	外观质量	焊缝表面不允许有焊瘤、气孔、烧穿、夹渣等缺陷	10	出现任何一项缺陷，该项不得分		
		焊缝咬边	8	（1）咬边深度 ≤ 0.5 mm 时，每 5 mm 扣 1 分，累计长度超过焊缝有效长度的 15% 时，扣 8 分 （2）咬边深度 >0.5 mm 时，扣 8 分		

续表

序号	考核内容	考核要点	配分	评分标准	检测结果	扣分
3	外观质量	未焊透	8	（1）未焊透深度≤ 15%δ 且≤ 1.5 mm 时，累计长度超过焊缝有效长度的 10% 时，扣 8 分 （2）未焊透深度 >1.5 mm 时，扣 8 分		
		背面凹坑	4	（1）深度≤ 20%δ 且≤ 2 mm 时累计长度超过有效长度的 10% 时，扣 4 分 （2）深度 >2 mm 时，扣 4 分		
		焊缝余高、焊缝宽度及宽度差	10	焊缝余高为 0 ~ 3 mm，焊缝宽度比坡口每侧增宽 0.5 ~ 2.5 mm，宽度差≤ 3 mm，一项尺寸超标扣 2 分，扣满 10 分为止		
		错边量≤ 10%δ	5	超差不得分		
		焊后角变形≤ 3°	5	超差不得分		
4	内部质量	X 射线探伤	30	根据 GB/T 9444—2019，SM001 级、LM001 级、AM001 级为满分，每降一级扣 5 分，扣完为止		
5	其他	安全文明生产	5	设备复原，工具摆放整齐，清理焊件，打扫场地，关闭电源，一处不符合要求扣 1 分		
6	定额	操作时间		每超过 1 min 从总分中扣 2 分		
合计（自检）			100	总得分		

注：焊缝出现裂纹、未熔合缺陷；焊接时间超过时间定额的 50%；焊缝原始表面破坏。若有以上情形之一，直接判定为不合格。

表 1–2–40　检验结果

检验方式	自检（10%）	小组检验（40%）	教师检验（50%）	总分
得分				

2．按照世界技能大赛外观检验和内部质量检验标准进行评分，将评分结果填入表 1–2–41、表 1–2–42 中。

表 1–2–41　评分表 1（世界技能大赛国内选拔赛用）

序号	分值	评分内容	要求	实测值 / 结果	得分
1	0.5	对接焊缝咬边或未焊透是否在允许范围内	是 / 否		
		允许最大咬边深度为 0.5 mm			
		不允许有未焊透			

续表

序号	分值	评分内容	要求	实测值 / 结果	得分
2	0.5	对接焊缝余高是否在允许范围内	是 / 否		
		允许余高≤ 2.5 mm 且同一道焊缝的变化范围≤ 1.5 mm			
3	0.5	对接焊缝宽度是否均匀一致	是 / 否		
		允许宽度差≤ 2 mm			
4	0.4	对接焊缝是否有电弧擦伤	是 / 否		
5	0.5	盖面和根部焊道表面无打磨痕迹			
6	0.5	对接焊缝根部凹陷是否在允许范围内，允许最大值为 0.5 mm	是 / 否		
		若熔透率 <100% 此项不得分			
7	0.5	对接焊缝根部凸度是否在允许范围内，允许最大值为 2 mm	是 / 否		
		若熔透率 <100% 此项不得分			
总分		3.4 分	实际得分		

表 1-2-42　评分表 2（世界技能大赛国内选拔赛用）《金属熔化焊焊接接头射线照相》（GB/T 3323—2005）

序号	分值	评分内容	要求	实测值 / 结果	得分
1	7	A 级：无缺陷	按等级		
2	5	B 级：焊缝内无裂纹、未熔合和未焊透			
3	3	C 级：焊缝内无裂纹、未熔合以及双面焊和加垫板的单面焊中的未焊透。不加垫板的单面焊中的未焊透允许长度按条状夹渣长度的Ⅲ级评定			
4	1	D 级：焊缝缺陷超过 C 级			

3．总结子活动 4 的学习心得，字数不少于 200 字。

五、子活动学习评价

根据子活动 4 的学习过程，完成本学习活动的评价，将评价结果填入表 1–2–43 中。

表 1–2–43 子活动评价表

子活动名称：低合金钢管对接垂直固定钨极氩弧焊 小组名称：__________ 组员姓名：__________

<table>
<tr><th colspan="2" rowspan="3">评价项目</th><th rowspan="3">评价内容</th><th rowspan="3">评价依据</th><th colspan="3">评价方式</th><th rowspan="3">权重</th><th rowspan="3">得分小计</th><th rowspan="3">总分</th></tr>
<tr><th>自我评价</th><th>小组评价</th><th>教师评价</th></tr>
<tr><th>10%</th><th>40%</th><th>50%</th></tr>
<tr><td rowspan="5">关键能力</td><td rowspan="3">社会能力</td><td>安全、文明操作</td><td>操作规范、安全</td><td></td><td></td><td></td><td>10%</td><td rowspan="3"></td><td rowspan="6"></td></tr>
<tr><td>团队协作能力</td><td>分工明确、互相配合</td><td></td><td></td><td></td><td>10%</td></tr>
<tr><td>沟通表达能力</td><td>仪容仪表、演示发言</td><td></td><td></td><td></td><td>10%</td></tr>
<tr><td rowspan="2">方法能力</td><td>信息处理能力</td><td>工作小结</td><td></td><td></td><td></td><td>10%</td><td rowspan="2"></td></tr>
<tr><td>学习能力</td><td>工作页完成情况</td><td></td><td></td><td></td><td>10%</td></tr>
<tr><td colspan="2">专业能力</td><td>焊接质量</td><td>评分表</td><td></td><td></td><td></td><td>50%</td><td></td></tr>
<tr><td colspan="2">指导教师综合评价</td><td colspan="8">

指导教师签名： 日期：</td></tr>
</table>

注：自我评价、小组评价、教师评价均采用百分制。

子活动 5 低合金钢管相贯线钨极氩弧焊

三通主要用于改变管道内流体的方向，借助三通可实现管道内介质的分流和汇流，其表面交线为相贯线。相贯线焊缝的焊接可视为板与板之间的角接，焊接难度较低，该焊接技能是完成燃气管道焊接的必备技能之一。

三通是管道连接的主要形式之一，在焊接生产中经常有相贯线焊缝的焊接，如图 1–2–29 所示。

a)

b)

图 1-2-29　三通连接

a）相贯线焊缝连接　b）对接焊缝连接

一、焊件图与焊接工艺卡

1．焊件图（图 1-2-30）

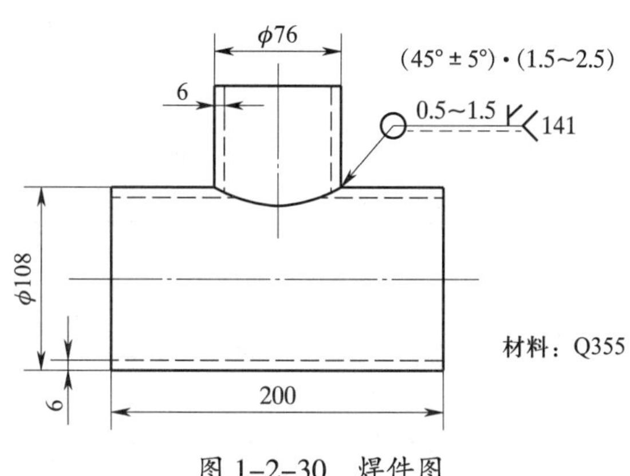

图 1-2-30　焊件图

如图 1-2-30 所示，管子的材料为__________，坡口角度为____________，钢管规格为________ mm，接头开__________形坡口，其中“O”表示___________，“141”表示焊接方法为________________。

2．焊接工艺卡

低合金钢管相贯线钨极氩弧焊焊接工艺卡见表 1-2-44。

表 1-2-44　焊接工艺卡

工程名称	低合金钢管相贯线钨极氩弧焊			工艺卡编号	01		
材质	Q355	规格	φ 108 mm × 6 mm、φ 76 mm × 6 mm	焊接方法	钨极氩弧焊	焊工资格	特种作业操作证
焊评编号	无		无损检测	按《承压设备无损检测》（NB/T 47013—2015），采用检测比例为 100% 的渗透检测（Penetrant Testing，PT）		合格等级	Ⅱ级

续表

<table>
<tr><td colspan="3">适用范围</td><td colspan="6">管道相贯线焊缝</td></tr>
<tr><td>焊接层次</td><td>焊接电流 /A</td><td>电弧电压 /V</td><td>气体流量 /（L/min）</td><td>钨极直径 / mm</td><td>焊丝直径 / mm</td><td>喷嘴直径 / mm</td><td>钨极伸出长度 /mm</td><td>喷嘴至焊件距离 /mm</td></tr>
<tr><td>定位焊</td><td>80 ~ 95</td><td rowspan="3">11 ~ 13</td><td>8 ~ 10</td><td rowspan="3">2</td><td rowspan="3">2.5</td><td rowspan="3">8</td><td rowspan="3">5 ~ 7</td><td rowspan="3">≤ 8</td></tr>
<tr><td>1</td><td>80 ~ 95</td><td>8 ~ 10</td></tr>
<tr><td>2、3</td><td>70 ~ 90</td><td>6 ~ 8</td></tr>
<tr><td>坡口尺寸及熔敷图</td><td colspan="3">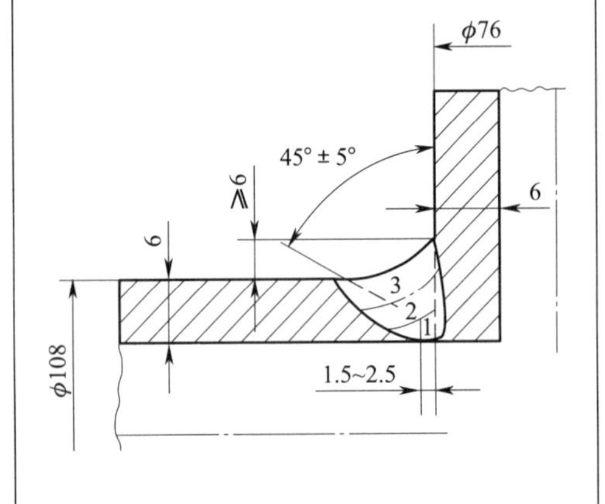
</td><td>焊接技术要求</td><td colspan="4">1. 按圆周方向在管子 V 形坡口均布 3 处定位焊点，每处定位焊缝长度为 10 ~ 15 mm，要求焊透，不得有气孔、夹渣、未焊透等缺陷。定位焊缝两端修成斜坡状，以便于接头
2. 管子定位焊应采用与正式焊接相同的焊接方法和焊接材料，焊丝型号为 ER50–6，直径为 2.5 mm，氩气纯度≥ 99.99%
3. 管子焊接时，焊缝高度不限，焊接过程中不准改变焊接位置
4. 焊接完毕，应认真清理管子表面的焊渣、飞溅物等，不能破坏焊缝的原始表面
5. 所有对接焊缝均需进行渗透探伤</td></tr>
</table>

从焊接工艺卡中可以看出，焊缝分__________层__________道焊接，定位焊缝共有__________处，每处长度为__________ mm，焊后需经__________探伤，合格等级为__________级，焊脚尺寸为__________ mm。

二、焊前准备

1. 写出钨极氩弧焊主要焊接设备的名称。

2. 如果将焊接辅助工具分为通用工具、打磨工具和检测工具，写出这些工具的具体名称。

通用工具：

打磨工具：

检测工具：

3．根据前面所学的内容，回答下列问题。

（1）焊接作业中，需要准备安全防护用品，如面罩、手套、防护鞋、焊接防护服等，根据安全防护用品的特点，判断正误，正确的在括号中打“√”，错误的在括号中打“×”。

1）电光性眼炎是由于眼部受紫外线过度照射而引起的角膜结膜炎。（　　）

2）如焊接作业点多、作业分散且流动性大，焊接作业场所应采取局部通风措施。（　　）

3）常用的焊接防护服材质是白帆布，它具有隔热、反射、耐磨、透气性好等优点。（　　）

4）在可能触电的焊接场所工作时，焊工所用的防护手套应经耐电压 380 V 耐压试验合格后方能使用。（　　）

5）焊工防护鞋的橡胶鞋底经耐电压 3 000 V 耐压试验合格（不击穿）后方能使用。（　　）

（2）管材、钨棒、氩气、焊丝是钨极氩弧焊使用的主要材料，选择正确的选项填入括号内。

1）氩弧焊要求氩气纯度达到（　　）。

A．99.99%　　B．99.9%　　C．99.5%　　D.99%

2）氩气瓶工作压力为（　　）MPa。

A．15　　B．18　　C．20　　D．22

3）（　　）是一种理想的钨极氩弧焊电极材料，也是我国目前建议采用的钨极。

A．钍钨极　　B．铈钨极　　C．镧钨极　　D．纯钨极

4）钨极氩弧焊的钨极端部形状采用（　　）效果最好。

A．平状　　B．圆球状　　C．锥形尖端　　D．锥形平端

5）钨极的一端常涂有颜色，以便于识别，铈钨极为（　　）。

A．灰色　　B．红色　　C．绿色　　D．黄色

二、装配与焊接

1．装配

将管件用夹具、定位器进行固定，定位焊应采用手工钨极氩弧焊，选用焊接工艺卡规定的焊丝和焊接参数进行焊接，如图 1–2–31 所示。

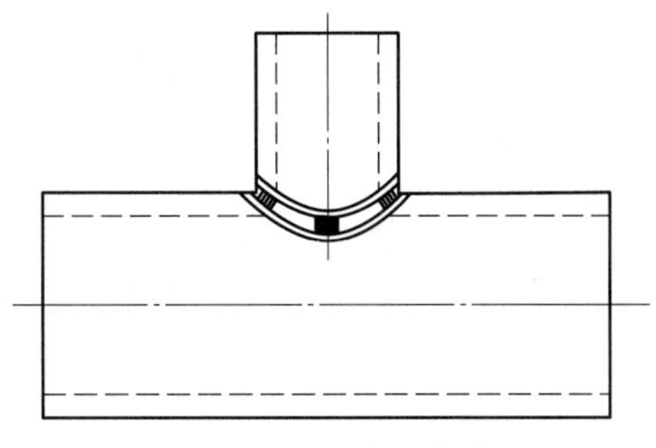

图 1–2–31　定位焊点

定位焊缝应直接焊在坡口内，焊 3 点，定位焊缝长度为 10 ~ 15 mm，高度为 2 ~ 3 mm，无裂纹、气孔等缺陷，并将合格的定位焊缝两端打磨成斜坡状。测量并记录多次练习时的钝边和根部间隙，填入表 1–2–45 中。

表 1–2–45　　装配尺寸

装配数据	第 1 次	第 2 次	第 3 次	第 4 次	第 5 次	第 6 次	第 7 次
钝边 /mm							
根部间隙 /mm							
垂直度偏差 /（°）							

2．焊接

（1）焊接操作要领

1）打底层焊接。分两个半圈焊接打底层，如图 1–2–32 所示，在 1 位置起弧，沿着 1—2—3 的顺序焊接，焊枪与焊缝成 90°角，略向下倾斜 5° ~ 10°，焊丝靠近横管，与钨极保持一段距离。先不加焊丝，待坡口根部熔化后，将焊丝轻轻地向熔池里送一下，同时向管内摆动，将液态金属送到坡口根部，以保证背面焊缝的高度。填充焊丝的同时，焊枪做小幅度横向摆动并向左均匀移动。焊完半圈后继续焊接后半圈。

2）填充层焊接。填充层焊接时的手法、顺序与打底层焊接时基本相同，焊枪摆动的幅度加大。

3）盖面层焊接。盖面层焊接由一道焊缝焊成，焊接顺序、焊枪角度等与填充层焊接一致，如图 1–2–33 所示。

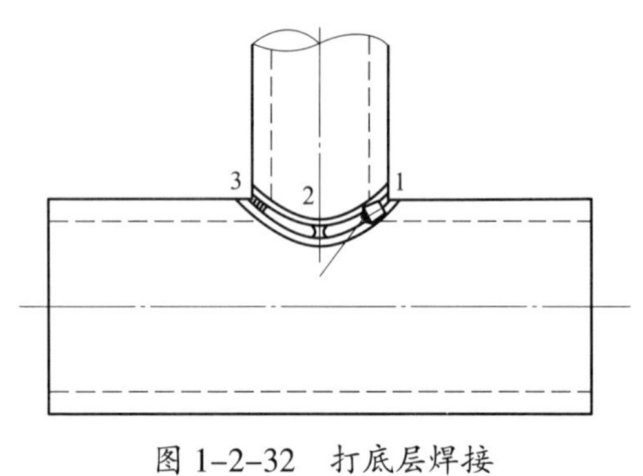

图 1–2–32　打底层焊接

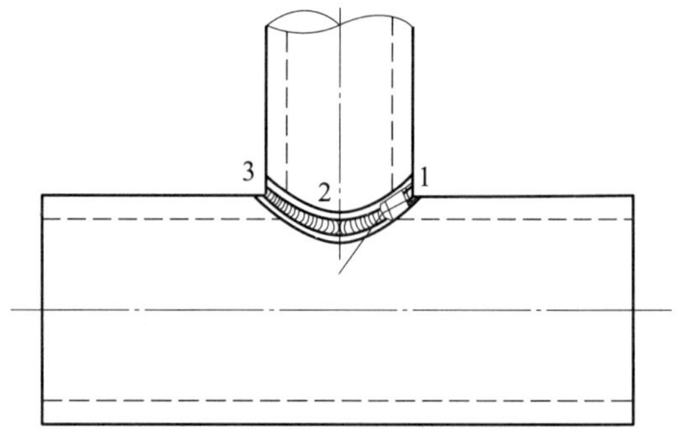

图 1–2–33　填充层、盖面层焊接

（2）观看管道相贯线钨极氩弧焊教师操作示范，选用合适的焊接参数，分组进行焊接技能练习，在表 1–2–46 中记录焊接时实际选用的焊接参数。

表 1–2–46　　管道相贯线钨极氩弧焊焊接参数

焊接道次	焊接电流 /A	电弧电压 /V	气体流量 /（L/min）	钨极直径 / mm	焊丝直径 / mm	喷嘴直径 / mm	钨极伸出长度 / mm	喷嘴至焊件距离 / mm
1								
2								
3								

（3）简述焊接过程中存在的问题并提出解决方案。

3．按照“6S”管理规定的要求，简述焊后整理要点。

四、检验

1．焊接质量检验包括外部质量检验和内部质量检验两方面。焊后外观质量检验可借助焊接检验尺、低倍放大镜、标准样板、手电筒和量规等检验工具，检验焊接接头的形状、尺寸和缺陷等。各组分工合作，将每名组员的焊接外观质量检验结果填入技能鉴定评分表（表 1–2–47）中，分别计算自检得分、小组检验得分和教师检验得分，填入表 1–2–48 中。

表 1–2–47　　技能鉴定评分表

序号	考核内容	考核要点	配分	评分标准	检测结果	扣分
1	焊前准备	着装符合要求，工具及安全防护用品准备齐全，参数设置、设备调试正确	5	着装不符合要求，工具及安全防护用品不齐全，参数设置、设备调试不正确，一项不正确扣 1 分		
2	焊接操作	焊件固定的空间位置符合要求	10	焊件固定的空间位置超出规定范围，扣 10 分		
3	外观质量	焊缝表面不允许有焊瘤、气孔、烧穿、夹渣等缺陷	10	出现任何一项缺陷，该项不得分		
		焊缝咬边	10	（1）咬边深度≤ 0.5 mm 时，每 5 mm 扣 1 分，累计长度超过焊缝有效长度的 15% 时，扣 10 分 （2）咬边深度 >0.5 mm 时，扣 10 分		
		焊缝凹凸度差	10	（1）凹凸度差 >1.5 mm 时，扣 10 分 （2）凹凸度差≤ 1.5 mm 时，不扣分		
		焊脚尺寸 $K=\delta+(0\sim1)$ mm	15	每超标 1 mm 扣 5 分，扣完为止		
		两板之间夹角为 90°±2°	5	超差不得分		

续表

序号	考核内容	考核要点	配分	评分标准	检测结果	扣分
4	宏观金相检验	未焊透深度	10	（1）未焊透深度≤ 15%δ 时，每 5 mm 扣 1 分，扣完为止 （2）未焊透深度 >15%δ 时，扣 10 分		
		条状缺陷	10	（1）最大尺寸≤ 1.5 mm 且数量不多于 1 个时，不扣分 （2）最大尺寸 >1.5 mm 或数量多于 1 个时，扣 10 分		
		点状缺陷	10	（1）点数≤ 6 个时，每个扣 1 分 （2）点数 >6 个时，扣 10 分		
5	其他	安全文明生产	5	设备复原，工具摆放整齐，清理焊件，打扫场地，关闭电源，一处不符合要求扣 1 分		
6	定额	操作时间		每超过 1 min 从总分中扣 2 分		
合计			100	总得分		

注：焊缝出现裂纹、未熔合缺陷；焊接时间超过时间定额的 50%；焊缝原始表面破坏。若有以上情形之一，直接判定为不合格。

表 1–2–48　　检验结果

检验方式	自检（10%）	小组检验（40%）	教师检验（50%）	总分
得分				

2．按照世界技能大赛角焊缝检测标准进行评分，将评分结果填入表 1–2–49 中。

表 1–2–49　　评分表（世界技能大赛国内选拔赛用）

序号	分值	评分内容	要求	实测值 / 结果	得分
1	1.4	焊脚尺寸是否符合图样规定	是 / 否		
2	0.5	是否有超标咬边，最大允许深度为 0.5 mm	是 / 否		
3	0.5	是否有电弧擦伤	是 / 否		
总分		2.4 分	实际得分		

3．总结子活动 5 的学习心得，字数不少于 200 字。

五、子活动学习评价

根据子活动 5 的学习过程，完成本学习活动的评价，将评价结果填入表 1-2-50 中。

表 1-2-50　　子活动评价表

子活动名称：低合金钢管相贯线钨极氩弧焊　小组名称：＿＿＿＿＿＿　组员姓名：＿＿＿＿＿＿

<table>
<tr><td colspan="2" rowspan="3">评价项目</td><td rowspan="3">评价内容</td><td rowspan="3">评价依据</td><td colspan="3">评价方式</td><td rowspan="3">权重</td><td rowspan="3">得分小计</td><td rowspan="3">总分</td></tr>
<tr><td>自我评价</td><td>小组评价</td><td>教师评价</td></tr>
<tr><td>10%</td><td>40%</td><td>50%</td></tr>
<tr><td rowspan="5">关键能力</td><td rowspan="3">社会能力</td><td>安全、文明操作</td><td>操作规范、安全</td><td></td><td></td><td></td><td>10%</td><td rowspan="3"></td><td rowspan="6"></td></tr>
<tr><td>团队协作能力</td><td>分工明确、互相配合</td><td></td><td></td><td></td><td>10%</td></tr>
<tr><td>沟通表达能力</td><td>仪容仪表、演示发言</td><td></td><td></td><td></td><td>10%</td></tr>
<tr><td rowspan="2">方法能力</td><td>信息处理能力</td><td>工作小结</td><td></td><td></td><td></td><td>10%</td><td rowspan="2"></td></tr>
<tr><td>学习能力</td><td>工作页完成情况</td><td></td><td></td><td></td><td>10%</td></tr>
<tr><td colspan="2">专业能力</td><td>焊接质量</td><td>评分表</td><td></td><td></td><td></td><td>50%</td><td></td></tr>
<tr><td colspan="2">指导教师综合评价</td><td colspan="8">

指导教师签名：　　　　　　日期：</td></tr>
</table>

注：自我评价、小组评价、教师评价均采用百分制。

子活动 6 学习活动评价

根据学习活动 2 的学习过程，完成本学习活动的评价，将评价结果填入表 1–2–51 中。

表 1–2–51 学习活动评价表

学习活动名称：技能准备　　小组名称：________　　组员姓名：________

<table>
<tr><td colspan="2" rowspan="3">评价项目</td><td rowspan="3">评价内容</td><td colspan="2">钨极氩弧焊
认知</td><td colspan="2">钨极氩弧焊
基本操作</td><td colspan="2">低合金钢管
对接水平转动
钨极氩弧焊</td><td colspan="2">低合金钢管
对接垂直固定
钨极氩弧焊</td><td colspan="2">低合金钢管
相贯线
钨极氩弧焊</td><td rowspan="3">总分</td></tr>
<tr><td colspan="2">权重：10%</td><td colspan="2">权重：30%</td><td colspan="2">权重：20%</td><td colspan="2">权重：20%</td><td colspan="2">权重：20%</td></tr>
<tr><td>小分</td><td>得分小计</td><td>小分</td><td>得分小计</td><td>小分</td><td>得分小计</td><td>小分</td><td>得分小计</td><td>小分</td><td>得分小计</td></tr>
<tr><td rowspan="5">关键能力</td><td rowspan="3">社会能力</td><td>安全、文明操作</td><td></td><td rowspan="6"></td><td></td><td rowspan="6"></td><td></td><td rowspan="6"></td><td></td><td rowspan="6"></td><td></td><td rowspan="6"></td><td rowspan="6"></td></tr>
<tr><td>团队协作能力</td><td></td><td></td><td></td><td></td><td></td></tr>
<tr><td>沟通表达能力</td><td></td><td></td><td></td><td></td><td></td></tr>
<tr><td rowspan="2">方法能力</td><td>信息处理能力</td><td></td><td></td><td></td><td></td><td></td></tr>
<tr><td>学习能力</td><td></td><td></td><td></td><td></td><td></td></tr>
<tr><td colspan="2">专业能力</td><td>焊接质量</td><td></td><td></td><td></td><td></td><td></td></tr>
<tr><td colspan="2">指导教师
综合评价</td><td colspan="12">指导教师签名：　　　　日期：</td></tr>
</table>

学习活动 3　制 订 计 划

学习目标

1. 能明确焊接结构生产的主要工艺过程。

2. 能通过技术交底和有效沟通，明确管道的焊接顺序、质量控制关键点、特殊要求和质量检验方法等，确定焊接缺陷的预防和控制措施。

3. 能根据产品加工流程，制订燃气管道焊接工作计划。

4. 能根据审定意见完善工作计划。

学习活动描述

工作计划是依据燃气管道的焊接特点对工作过程的梳理和整体安排。通过对工作计划的编制和审定，明确燃气管道焊接的各环节及其工艺过程。

子活动与建议课时

子活动 1　工作计划的编写（4 学时）

子活动 2　工作计划的审定（2 学时）

子活动 3　学习活动评价（1 学时）

建议学时：7 学时。

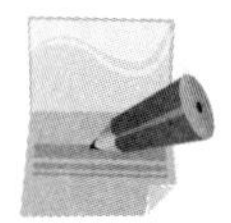

学习准备

资料与材料：工作页、技术标准、技术文件和专业书籍等。

设备与工具：计算机等。

子活动 1 工作计划的编写

焊接结构从原材料到成品需要经过检验、下料、装配、焊接、检验等多个环节。完成管道焊接这一工作任务需要工程技术人员对管道焊接的各环节做好规划和安排。

一、焊接结构生产工艺过程

焊接结构生产工艺过程是指由金属材料（包括板材、型材和其他零部件等）经过一系列加工工序，装配、焊接成焊接结构成品的过程。

焊接结构生产工艺过程包括根据生产任务的性质、产品图样、技术要求和企业条件，运用现代焊接技术及相应的金属材料加工和保护技术、无损检测技术等来完成焊接结构产品的全部生产过程中的一系列工艺过程。包含各主要工序的焊接结构生产工艺过程如图 1–3–1 所示。

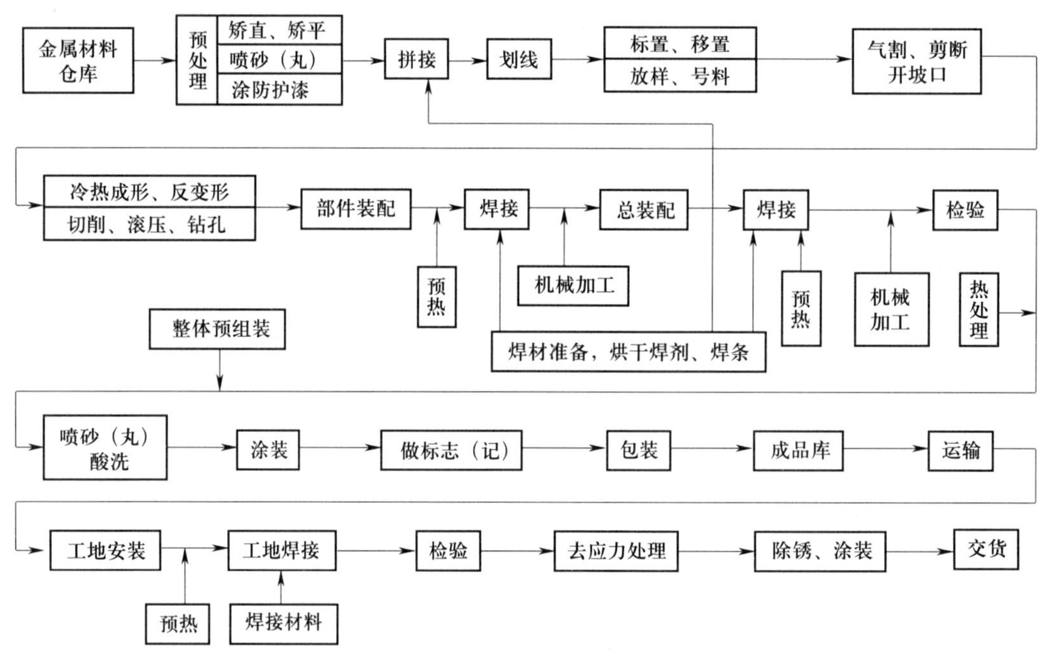

图 1–3–1 焊接结构生产工艺过程

根据图 1–3–1 所示，简述一般焊接结构生产的主要步骤。

二、管道生产加工一般流程

管道从原材料到成品需经过多个加工步骤，其主要加工流程如图 1–3–2 所示，其中材料特殊、厚度较大的管道还需在焊前进行预热、焊后进行热处理。

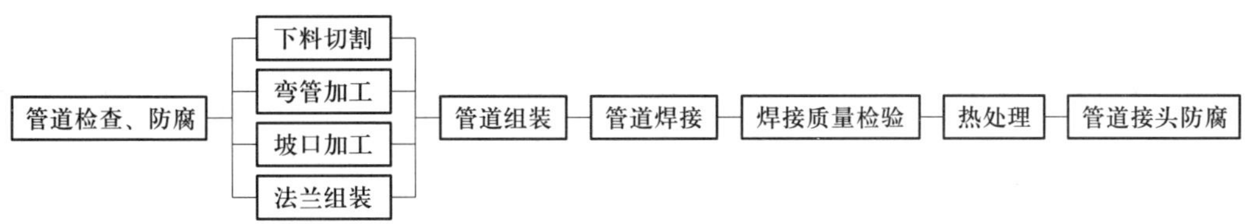

图 1–3–2　管道焊接主要加工流程

查阅《工业金属管道工程施工规范》（GB 50235—2010），回答下列问题。

1．管道材料在使用前应按国家有关标准和设计文件的规定核对其__________、__________、__________、__________和__________，并应进行__________和__________检查验收，其结果应符合设计文件和相应产品标准的规定。材料标记应清晰、完整，并应能够追溯到产品质量证明文件。

2．管道元件和材料在施工过程中应妥善保管，不得混淆或损坏，其标记应明显、清晰。材质为不锈钢、有色金属的管道材料，在运输和储存期间不得与__________、__________接触。

3．管道元件在加工过程中，应及时进行__________。

4．下料切割时，碳素钢、合金钢宜采用__________切割，也可采用__________切割。不锈钢、有色金属应采用__________或__________切割。当采用砂轮切割或修磨不锈钢、镍及镍合金、钛及钛合金、锆及锆合金时，应使用__________。镀锌钢管宜采用__________或__________切割。

除了上述切割方法外，工业生产中还有__________、__________、__________等切割形式。

（1）填写表 1–3–1 中的金属切割方法。

表 1–3–1　金属切割方法

		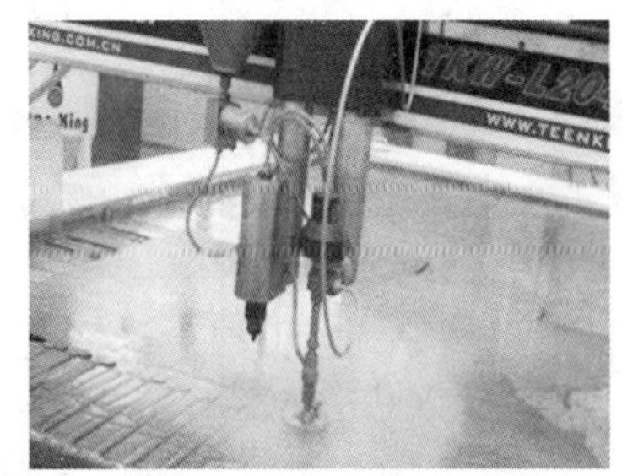

（2）管子切割质量规定

1）切口表面应平整，尺寸应正确，并无裂纹、重皮、毛刺、凸凹、缩口、焊渣、氧化物、切屑等现象。

2）管子切口端面倾斜偏差应不大于管子外径的 1%，且不得大于 3 mm。相贯线的切割除了可以用上述方法外，也可以用专门的相贯线切割机，如图 1–3–3 所示。

5．金属管在切割下料后，根据需要在其材料特性允许范围内进行弯曲，如图 1–3–4 所示为弯管机。

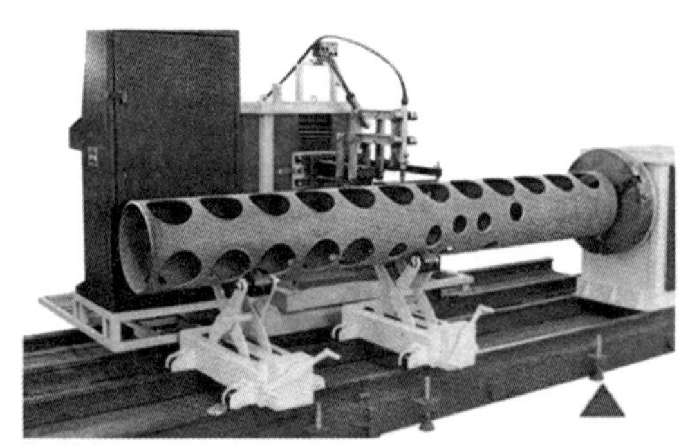

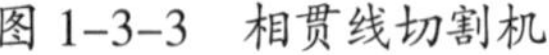

图 1–3–3　相贯线切割机

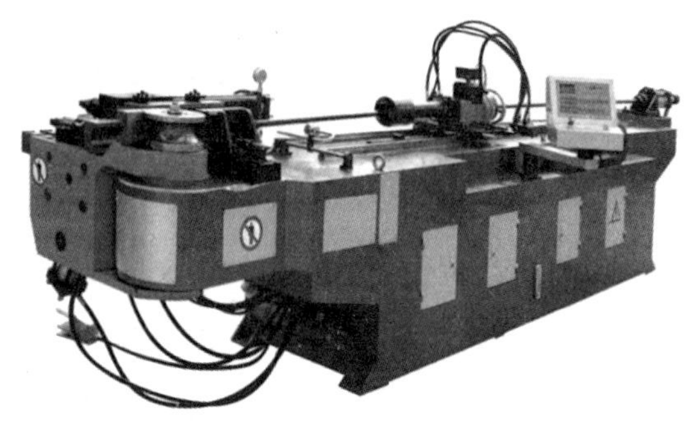

图 1–3–4　弯管机

金属管应在其材料特性允许范围内进行冷弯或热弯。热弯时应按设计文件的规定进行________、________或________。冷弯后是否需要进行热处理见表 1–3–2。

表 1–3–2　钢管热处理基本要求

母材类别	名义厚度 t/mm	母材最小规定抗拉强度 /MPa	热处理温度 /℃	恒温时间 /（min/mm）	最短恒温时间 /h
碳钢（C）、碳锰钢（C–Mn）	≤ 19	全部	不要求	—	—
	>19	全部	600 ～ 650	2.4	1
铬钼合金钢（C–Mo、Mn–Mo、Cr–Mo）w（Cr）≤ 0.5%	≤ 19	≤ 490	不要求	—	—
	>19	全部	600 ～ 720	2.4	1
	全部	>490	600 ～ 720	2.4	1
铬钼合金钢（Cr–Mo）0.5%<w（Cr）≤ 2%	≤ 13	≤ 490	不要求	—	—
	>13	全部	700 ～ 720	2.4	2
	全部	>490	700 ～ 750	2.4	2
铬钼合金钢（Cr–Mo）2.25 ≤ w（Cr）≤ 3%	≤ 13	全部	不要求	—	—
	>13	全部	700 ～ 760	2.4	2
铬钼合金钢（Cr–Mo）	全部	全部	700 ～ 760	2.4	2

6．坡口加工的目的是在焊接时保证焊透，管道开坡口的方法有火焰切割、坡口机切削、车削等，也可以在下料时直接进行加工。填写表 1–3–3 中的坡口加工方法。

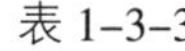

表 1-3-3　　管道坡口加工方法

	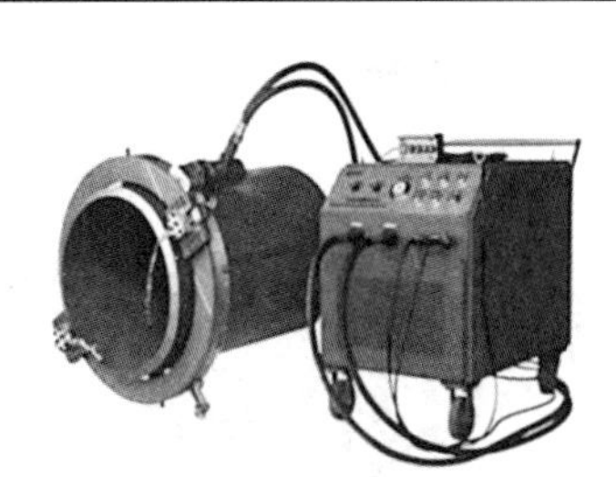	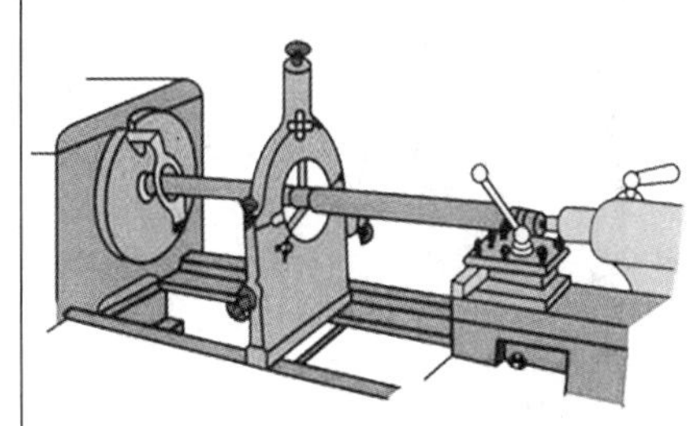

7．查阅资料，简述钢管的切口及坡口质量应符合哪些要求。

8．焊前预热可以降低焊后____________，也可以减少焊接接头的____________，从而减少焊接应力导致的____________。金属材料是否需要预热与其厚度和焊接环境有关。Q355 钢的预热温度见表 1-3-4。

表 1-3-4　　Q355 钢的预热温度

焊件厚度 /mm	不同气温时的预热温度
<16	不低于 −10 ℃时不预热，−10 ℃以下预热至 100 ~ 150 ℃
16 ~ 24	不低于 −5 ℃时不预热，−5 ℃以下预热至 100 ~ 150 ℃
25 ~ 40	不低于 0 ℃时不预热，0 ℃以下预热至 100 ~ 150 ℃
>40	预热至 100 ~ 150 ℃

9．管道焊接时是否需要预热和焊后热处理与装配间隙和定位焊焊接方法、焊接参数、焊接质量检验及接头防腐等都有密切关系。结合本工作任务所用母材、规格及焊接环境，判断本工作任务____________预热，____________焊后热处理（填写“需要”或者“不需要”）。

三、编写工作计划

1．填写表 1-3-5 中管道生产工艺流程的名称。

表 1-3-5　　管道生产工艺流程

	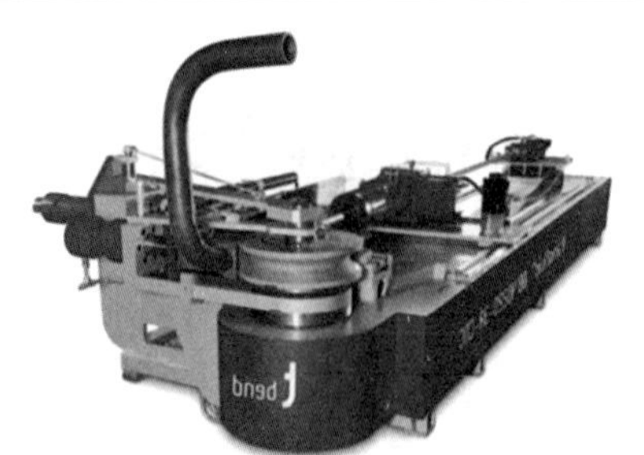	
	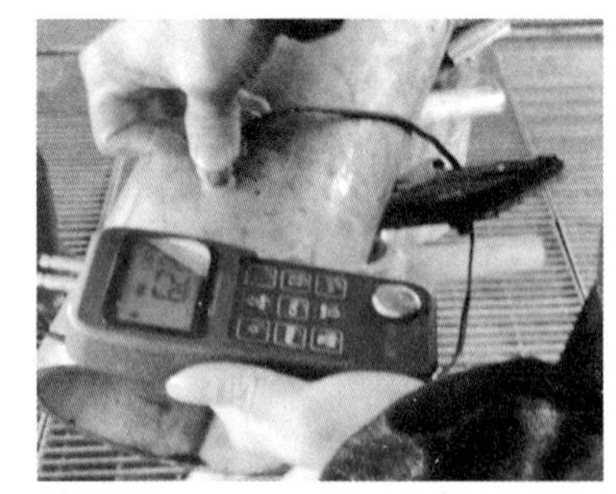	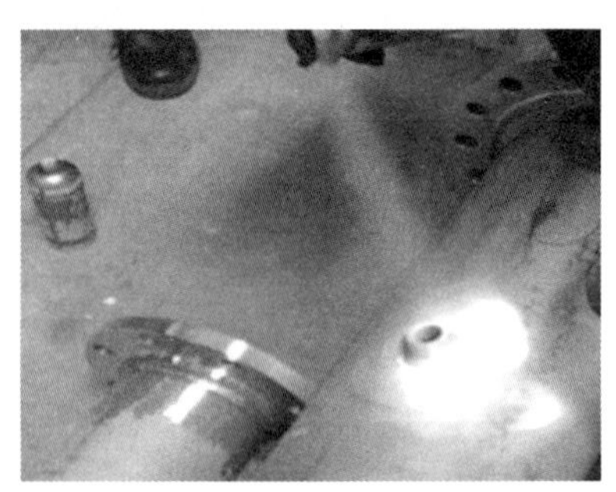

2．结合学习活动 1 和学习活动 2，回答下列问题。

（1）简述本学习任务的生产工艺过程。

（2）在完成本学习任务时，各小组分别需要做哪些工作？

3．施工技术交底是使施工人员对工程特点、技术质量要求、施工方法与措施和安全等方面有较详细了解的必要措施，以便于科学地组织施工和安全文明生产。参考教师提供的管道焊接技术交底样例（表 1–3–6），各小组编写一份简易版的技术交底文件，并派代表进行展示说明。

表 1–3–6　　管道焊接技术交底样例

<table>
<tr><td colspan="2" rowspan="3">技术交底记录</td><td>工程名称：厂外排水管焊接</td></tr>
<tr><td>交底人（签字）：</td></tr>
<tr><td>日期：</td></tr>
<tr><td>内容</td><td colspan="2">1．管道焊接采用 Y 形坡口，坡口形状如右图所示。
2．直管段两环向焊缝间距应大于 100 mm。
3．两直管段对口焊接时，其纵向焊缝应互相错开且大于 100 mm。
4．焊条应按说明书或焊接作业指导书的要求进行烘干，且在使用中应保持干燥。
5．管子坡口采用机械加工方法，其角度为 60° ~ 65°，焊缝间隙为 2 ~ 3 mm，坡口钝边为 1 ~ 2 mm，焊缝余高不得超出母材表面 3 mm，焊缝宽度以每边盖过坡口宽度 2 mm 为宜。
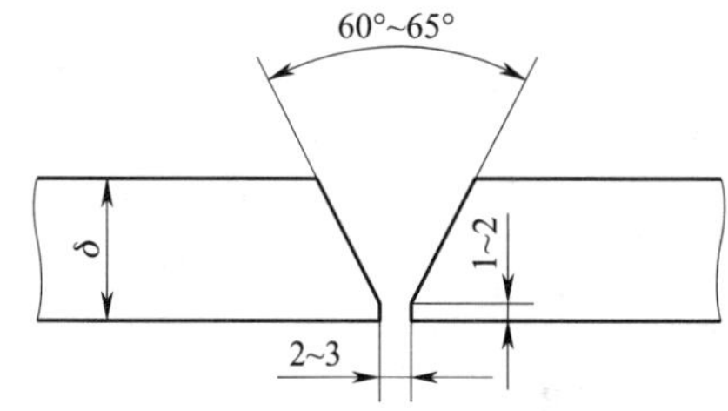

6．管道焊接采用钨极氩弧焊封底、焊条电弧焊填平盖面层，焊材选用 H08Mn2Si+J427 焊条，其焊接电流、焊接速度应由工艺评定。
7．焊缝及焊接接头表面不得有裂纹、未熔合、气孔、夹渣、飞溅物等缺陷。
8．管道必须在焊口附近做标识，标识至少包括焊工号、焊口号、焊接日期。</td></tr>
<tr><td colspan="3">被交底人（签字）：</td></tr>
</table>

4．根据管道焊接加工流程及具体工作内容，各组成员相互交流，明确各环节的工作要求、负责人和用时，编写小组工作计划并填入表 1–3–7 中。

表 1–3–7　　管道焊接工作计划

小组名称：________________　　日期：________年______月______日

序号	工作内容	工作要求	负责人	用时

子活动 2　工作计划的审定

工作计划的审定是对初定计划的审核与确定。对初定计划进行讨论、分析，去除不合理、不正确的内容，优化各小组的工作计划。

一、工作计划的展示与审核

1．各小组展示工作计划，派代表简述编写内容和依据。

2．审核各组工作计划，分析其中存在的问题，提出意见或建议，并填入表 1–3–8 中。

表 1–3–8　　工作计划问题记录表

小组名称：________________　　日期：______年____月____日

序号	存在问题	修改意见

二、修改与确定工作计划

1．根据各组审核意见和教师点评，对工作计划进行修改和完善。

2．将修改后的工作计划填入表 1–3–9 中。

表 1–3–9　　管道焊接工作计划

小组名称：________________　　日期：______年____月____日

序号	工作内容	工作要求	负责人	用时

子活动 3　学习活动评价

根据学习活动 3 的学习过程，完成本学习活动的评价，将评价结果填入表 1–3–10 中。

表 1–3–10　　学习活动评价表

学习活动名称：制订计划　　小组名称：＿＿＿＿＿＿　　组员姓名：＿＿＿＿＿＿

<table>
<tr><th colspan="2" rowspan="3">评价项目</th><th rowspan="3">评价内容</th><th rowspan="3">评价依据</th><th colspan="3">评价方式</th><th rowspan="3">权重</th><th rowspan="3">得分小计</th><th rowspan="3">总分</th></tr>
<tr><th>自我评价</th><th>小组评价</th><th>教师评价</th></tr>
<tr><th>10%</th><th>40%</th><th>50%</th></tr>
<tr><td rowspan="5">关键能力</td><td rowspan="3">社会能力</td><td>团队协作能力</td><td>分工明确、互相配合</td><td></td><td></td><td></td><td>20%</td><td rowspan="3"></td><td rowspan="5"></td></tr>
<tr><td>沟通表达能力</td><td>仪容仪表、课堂发言</td><td></td><td></td><td></td><td>20%</td></tr>
<tr><td>问题解决能力</td><td>能否发现存在的问题，并提出解决方法</td><td></td><td></td><td></td><td>10%</td></tr>
<tr><td rowspan="2">方法能力</td><td>信息处理能力</td><td>工作小结</td><td></td><td></td><td></td><td>20%</td><td rowspan="2"></td></tr>
<tr><td>学习能力</td><td>工作页完成情况</td><td></td><td></td><td></td><td>10%</td></tr>
<tr><td colspan="2">专业能力</td><td>工作计划编写能力</td><td>工艺过程的正确性、完整性</td><td></td><td></td><td></td><td>20%</td><td></td><td></td></tr>
<tr><td colspan="2">指导教师综合评价</td><td colspan="8">

指导教师签名：　　　　　　　　　　日期：</td></tr>
</table>

学习活动4　任务实施

学习目标

1. 能根据工艺要求和工作计划做好各项焊前准备工作。

2. 能遵循焊接工艺完成管道的装配、焊接和焊后清理。

3. 能使用检测工具完成管道的自检。

学习活动描述

任务实施包括焊前准备、装配与焊接、焊后清理和质量自检等环节，本学习活动是完成燃气管道焊接任务的关键。

子活动与建议课时

子活动 1　焊前准备（3 学时）

子活动 2　装配与焊接（16 学时）

子活动 3　学习活动评价（1 学时）

建议学时：20 学时。

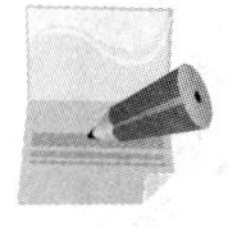

学习准备

资料与材料：工作页、技术标准、技术文件、专业书籍等。

设备与工具：计算机、钨极氩弧焊设备、焊接辅助工具、检测工具、夹具、通风及除尘设备、安全防护用品等。

子活动 1 焊 前 准 备

燃气管道焊前准备主要有焊接设备、材料、工具和场地准备及焊前安全检查等内容，焊工需要做好个人安全防护，以保障焊接顺利实施。

一、焊接设备、材料和工具

1．焊接设备：____。

2．母材：____。

3．焊接材料：____。

4．安全防护用品：____。

5．某管道公司生产现场如图 1–4–1 所示，查阅资料，大型管道装配时需要用到吊机、管道对口器等工具。管道对口器分为内对口器和外对口器两种，填写表 1–4–1 中管道装配工具的名称。

a)

b)

图 1–4–1 管道公司生产现场

a）管道装配 b）垂直度测量

表 1–4–1 管道装配工具

		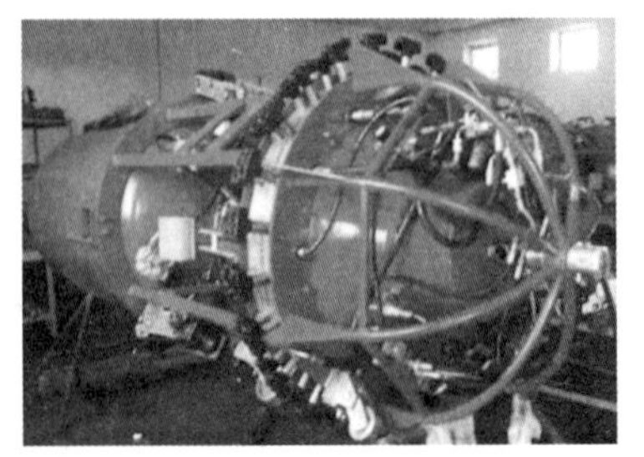

续表

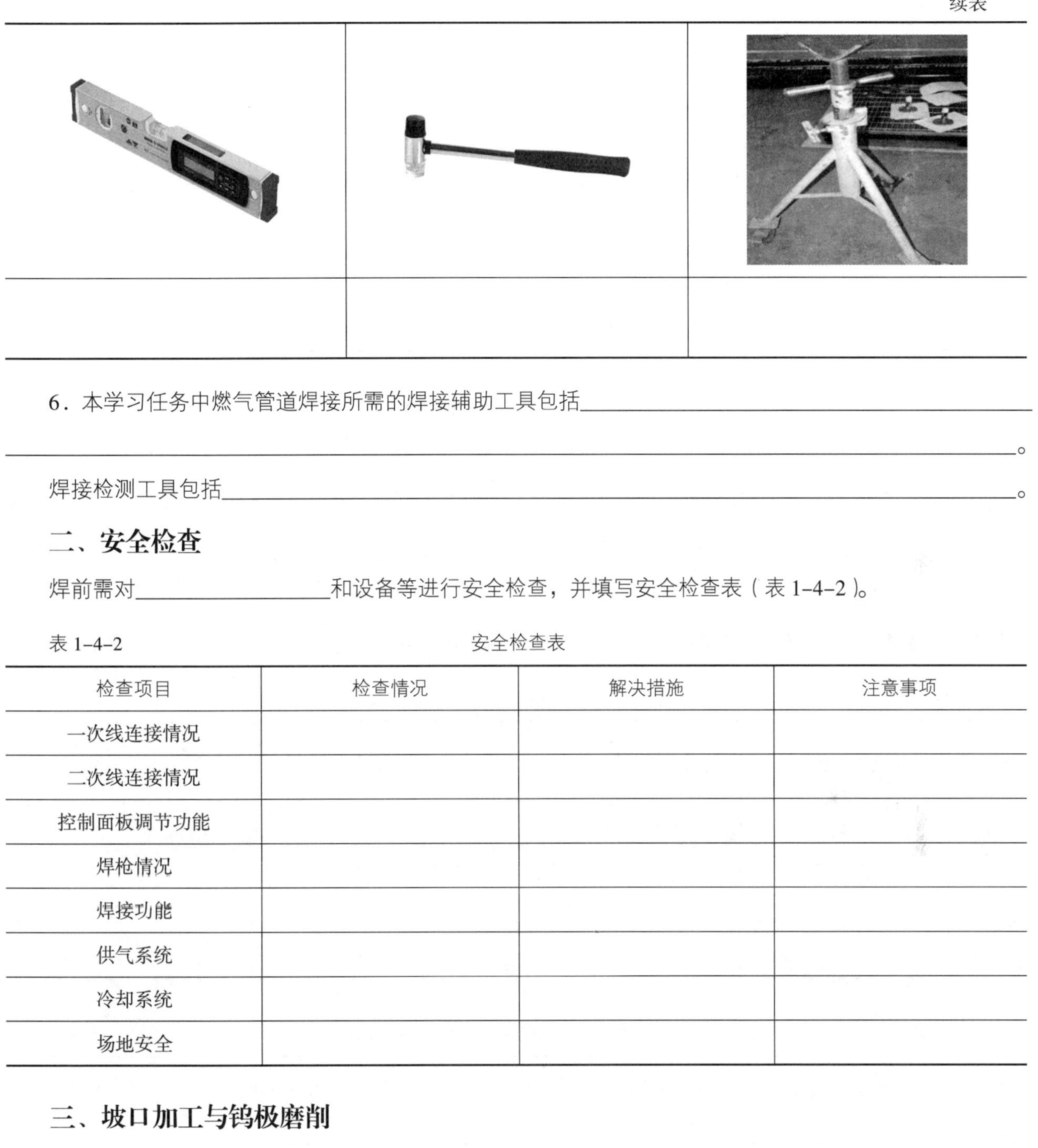

6．本学习任务中燃气管道焊接所需的焊接辅助工具包括____。

焊接检测工具包括____。

二、安全检查

焊前需对________________和设备等进行安全检查，并填写安全检查表（表 1-4-2）。

表 1-4-2　　安全检查表

检查项目	检查情况	解决措施	注意事项
一次线连接情况			
二次线连接情况			
控制面板调节功能			
焊枪情况			
焊接功能			
供气系统			
冷却系统			
场地安全			

三、坡口加工与钨极磨削

1．焊缝坡口的加工及装配尺寸按__________的规定，可以自行加工，也可以外购已经加工好的管材。外购的材料需要进行__________等检验。施焊前坡口两侧管口附近各__________ mm 范围内要打磨干净，焊丝表面要擦净油污、锈蚀，直至露出金属光泽，以防锈蚀、油污等杂质进入熔池，影响焊接质量。

2．钨极端部需要进行磨削，端部形状应为__________。

四、检查

完成管道各项焊前准备工作并对准备工作进行检查，将检查结果填入表 1-4-3 中。

表 1-4-3　　焊前准备工作完成情况

序号	检查项目	完成情况
1	焊接场地	
2	焊接设备	
3	焊接夹具及辅助工具	
4	焊接材料	
5	个人安全防护用品	

子活动 2　装配与焊接

装配与焊接是燃气管道焊接中最主要的施工环节。装配质量的高低影响焊接工作能否顺利进行，焊接参数的选择和焊接操作手法决定着焊接质量的好坏。

一、管道装配

1．对照管道焊接工艺卡，将焊接参数填写在表 1-4-4 和表 1-4-5 中。

表 1-4-4　　低合金钢管对接垂直固定钨极氩弧焊焊接参数

焊接层次	焊接电流 /A	电弧电压 /V	气体流量 /（L/min）	钨极直径 / mm	焊丝直径 / mm	喷嘴直径 / mm	钨极伸出长度 / mm	喷嘴至焊件距离 / mm
定位焊								
打底层								
盖面层								

表 1-4-5　　低合金钢管相贯线钨极氩弧焊焊接参数

焊接层次	焊接电流 /A	电弧电压 /V	气体流量 /（L/min）	钨极直径 / mm	焊丝直径 / mm	喷嘴直径 / mm	钨极伸出长度 / mm	喷嘴至焊件距离 / mm
定位焊								
打底层								
盖面层								

2．装配时，管子中心线对正，内、外壁要齐平，避免产生错位现象。根据焊接工艺卡装配管子，随后进行定位焊。

（1）对接焊缝定位焊缝需________点，相贯线焊缝定位焊缝需________点，定位焊缝长度为________ mm，高 1 ~ 2 mm。

（2）开机后，在焊机上调试焊接参数，焊接时先在坡口内一侧引弧进行定位焊，然后在另一侧再引弧，待两焊点间隙变小时连接两点，可选择断弧法或连弧法依次进行定位焊，同时观察根部熔合情况，停留时间不可过长，以防产生焊瘤，定位焊缝长度为 10 ~ 15 mm。钢管对接焊缝定位焊采用平位焊接，相贯线焊缝采用倒 T 形位置定位焊，定位焊缝要求单面焊双面成形。

（3）定位焊缝焊接完成后，清理好焊缝表面，检查定位焊缝质量，对不合格的定位焊缝进行修补，并填写定位焊缝质量检验表，见表 1–4–6。

表 1–4–6　　定位焊缝质量检验表

序号	检验项目	质量要求	检验结果
1	对接焊缝根部间隙	1.5 ~ 2.5 mm	
2	对接焊缝错边量	<1 mm	
3	对接反变形量	<3°	
4	相贯线焊缝根部间隙	1.5 ~ 2.5 mm	
5	相贯线焊缝角变形	≤ 3°	
6	定位焊缝外观成形	良好	
7	夹渣	不允许	
8	气孔	不允许	
9	焊瘤	不允许	

（4）如图 1–4–2 所示，用砂轮将定位焊缝两侧打磨成斜坡状，为接头创造条件，防止接头未焊透。

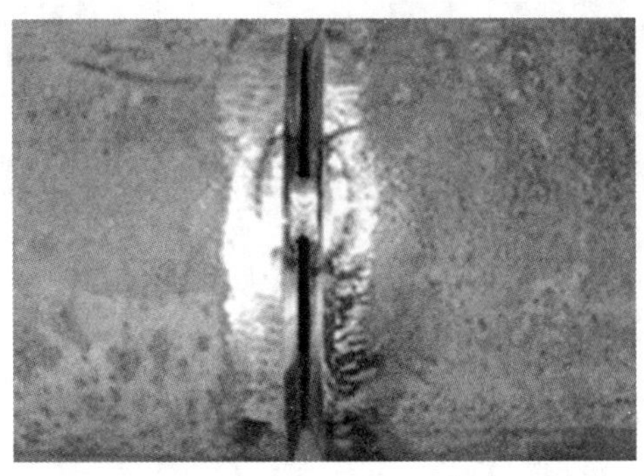

图 1–4–2　打磨成斜坡状的定位焊缝

二、管道焊接

在规定的位置固定装配好的管道，如图 1–4–3 所示，调节焊接参数，进行管道对接焊缝和相贯线焊缝的焊接，各组在表 1–4–7 中记录焊接时的主要焊接参数。

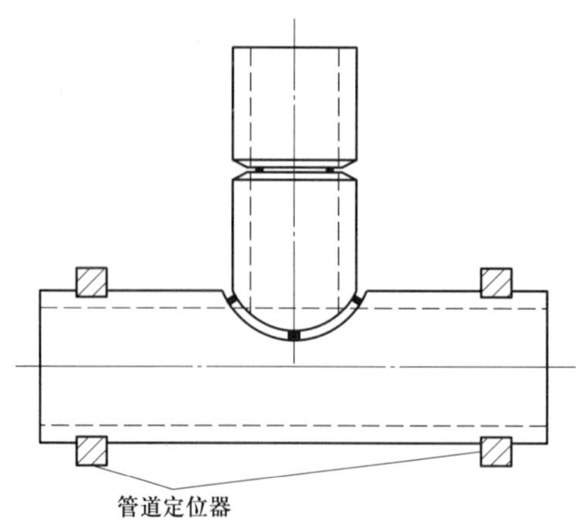

图 1-4-3 管道装配图

表 1-4-7 管道主要焊接参数

焊接层次		钨极直径 /mm	焊接电流 /A	电源极性	气体流量 /（L/min）	电弧电压 /V
对接焊缝	1					
	2					
	3					
相贯线焊缝	1					
	2					
	3					

三、焊后清理与检验

1．各小组清理好焊缝表面，互相配合完成焊缝自检和他检，将检测结果记录在表 1-4-8 和表 1-4-9 中。

表 1-4-8 管道对接焊缝检测记录表

检查项目	检验方法及工具	检测要求	自检检测值	他检检测值
焊缝宽度差	焊接检验尺和钢直尺	≤ 2 mm		
焊缝余高	焊接检验尺和钢直尺	0 ~ 3 mm		
焊缝余高差	焊接检验尺和钢直尺	≤ 2 mm		
咬边	低倍放大镜、钢直尺	无		
夹渣	低倍放大镜	无		
气孔	低倍放大镜	无		
未焊透	低倍放大镜、钢直尺	无		
裂纹	低倍放大镜	无		
焊缝表面成形	低倍放大镜	波纹细腻、均匀、美观		
角变形	钢直尺、水平仪	≤ 3°		

表 1-4-9 管道相贯线焊缝检测记录表

检查项目	检验方法及工具	检测要求	自检检测值	他检检测值
焊脚尺寸	焊接检验尺和钢直尺	12 ~ 15 mm		
焊缝宽度差	焊接检验尺和钢直尺	≤ 2 mm		
焊缝凸度	焊接检验尺和钢直尺	0 ~ 3 mm		
焊缝凸度差	焊接检验尺和钢直尺	≤ 2 mm		
咬边	低倍放大镜、钢直尺	无		
夹渣	低倍放大镜	无		
气孔	低倍放大镜	无		
未焊透	低倍放大镜、钢直尺	无		
裂纹	低倍放大镜	无		
焊缝表面成形	低倍放大镜	波纹细腻、均匀、美观		
角变形	直角尺	≤ 3°		

2．在表 1-4-10 中记录燃气管道焊接过程中出现的质量问题并提出合理的解决方案。

表 1-4-10 焊接过程中存在的问题及解决方案

质量问题	解决方案

3．各小组根据“6S”管理规定的要求，整理好焊接场地、设备和工具。

子活动 3　学习活动评价

根据学习活动 4 的学习过程，完成本学习活动的评价，将评价结果填入表 1–4–11 中。

表 1–4–11　　学习活动评价表

学习活动名称：任务实施　　小组名称：________　　组员姓名：________

<table>
<tr><th colspan="2" rowspan="3">评价项目</th><th rowspan="3">评价内容</th><th rowspan="3">评价依据</th><th colspan="3">评价方式</th><th rowspan="3">权重</th><th rowspan="3">得分小计</th><th rowspan="3">总分</th></tr>
<tr><th>自我评价</th><th>小组评价</th><th>教师评价</th></tr>
<tr><th>10%</th><th>40%</th><th>50%</th></tr>
<tr><td rowspan="5">关键能力</td><td rowspan="4">社会能力</td><td>安全、文明操作</td><td>操作规范、安全</td><td></td><td></td><td></td><td>10%</td><td rowspan="4"></td><td rowspan="7"></td></tr>
<tr><td>团队协作能力</td><td>分工明确、互相配合</td><td></td><td></td><td></td><td>10%</td></tr>
<tr><td>沟通表达能力</td><td>仪容仪表、演示发言</td><td></td><td></td><td></td><td>10%</td></tr>
<tr><td>问题解决能力</td><td>问题解决方法</td><td></td><td></td><td></td><td>10%</td></tr>
<tr><td>方法能力</td><td>学习能力</td><td>工作页完成情况</td><td></td><td></td><td></td><td>10%</td><td></td></tr>
<tr><td colspan="2" rowspan="2">专业能力</td><td>装配质量</td><td>评分表</td><td></td><td></td><td></td><td>15%</td><td rowspan="2"></td></tr>
<tr><td>焊接质量</td><td>评分表</td><td></td><td></td><td></td><td>35%</td></tr>
<tr><td colspan="2">指导教师综合评价</td><td colspan="8">

指导教师签名：　　　　　　日期：</td></tr>
</table>

学习活动 5　焊接质量检验与返修

学习目标

1. 能熟知燃气管道验收标准。

2. 能正使用焊缝测量工具进行管道焊缝外观质量检测并记录数据。

3. 能明确无损检测的常用方法及其在管道焊接质量检测中的应用。

4. 能明确射线探伤的原理、特点和评判标准，能读懂射线探伤评级报告。

5. 能根据返修工艺完成燃气管道的返修工作。

学习活动描述

焊接质量检验是对焊接质量进行检测和评定，是确保焊接质量是否过关的主要措施。依据检测结果对不合格产品制定返修工艺，焊工根据返修工艺进行返修，从而保证燃气管道焊接任务的完成。

子活动与建议课时

子活动 1　焊接质量检验（2 学时）

子活动 2　缺陷返修（2 学时）

子活动 3　学习活动评价（1 学时）

建议学时：5 学时。

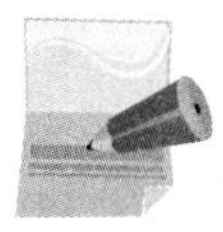

学习准备

资料与材料：工作页、技术标准、技术文件、专业书籍等。

设备与工具：计算机、钨极氩弧焊设备、焊接辅助工具和夹具、通风及除尘设备、安全防护用品、检测设备及工具等。

子活动 1　焊接质量检验

焊接质量检验是发现焊接缺陷、避免发生安全事故的主要措施。根据检验部位，焊接质量检验可分为外观质量检验和内部质量检验；根据是否对焊接接头造成破坏，可分为破坏性检验和无损检测。

一、管道焊接缺陷

1．常见的管道焊接缺陷有________________________________等。

2．按照缺陷的位置，焊接缺陷可分为_____________和_____________两大类。

3．钨极氩弧焊特有的焊接缺陷是________________________________。

二、焊接质量检验要求

1．焊接质量检验内容包括从图样设计到产品制出整个生产过程中所使用的材料、工具、设备、工艺过程和成品质量的检验，分为三个阶段，即_________、_________、_________。

2．根据对焊接接头是否造成损伤，焊接质量检验方法可分为_________和_________两类。

3．焊缝的外形尺寸一般包括焊缝的外观成形、焊缝的宽度和余高、焊缝的宽度差、焊缝边缘直线度、焊缝表面凹凸差、角焊缝的焊脚尺寸等，焊接接头的_________主要是发现焊缝表面的缺陷和尺寸上的偏差，一般通过肉眼观察，借助_________、_________和_________等工具进行检验。

三、无损检测

1．无损检测是指在不损害或不影响被检测对象的使用性能且不伤害被检测对象内部组织的前提下，借助现代化的技术和设备，对焊缝内部和表面缺陷进行检查及测试的方法。无损检测有超声波探伤（Ultrasonic Testing，UT）、射线探伤（Radiographic Testing，RT）、渗透探伤（Penetrant Testing，PT）、磁粉探伤、涡流探伤等，填写表 1-5-1 中对应的无损检测方法。

表 1-5-1　无损检测方法

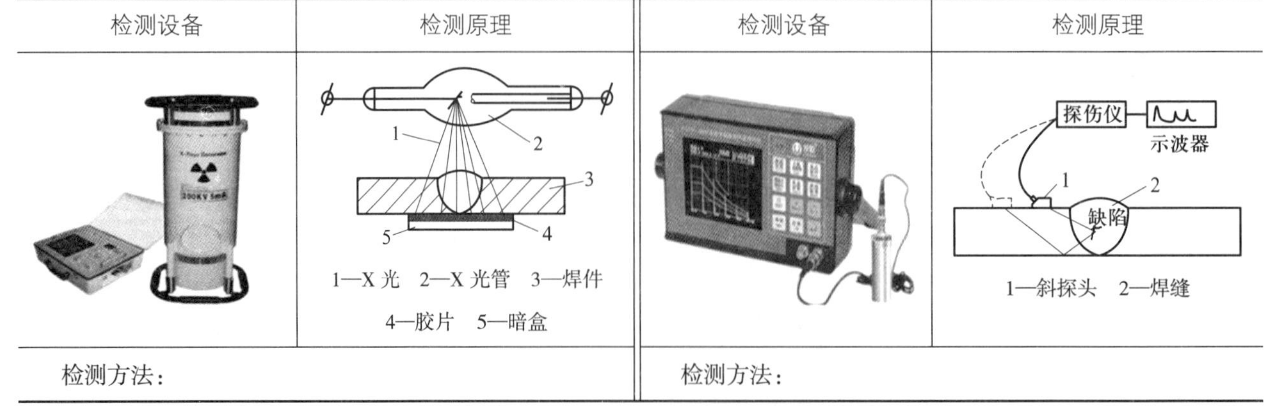

检测设备	检测原理	检测设备	检测原理
	1—X 光　2—X 光管　3—焊件 4—胶片　5—暗盒		1—斜探头　2—焊缝
检测方法：		检测方法：	

续表

检测设备	检测原理	检测设备	检测原理
	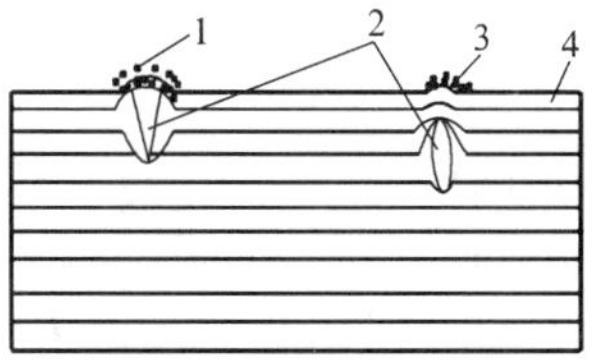 1—磁痕显示　2—缺陷 3—磁粉　4—焊件		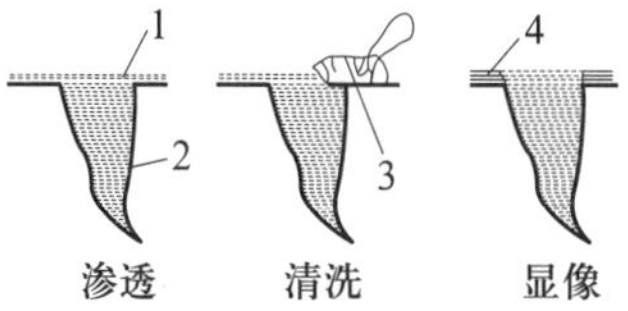 渗透　清洗　显像 1—渗透液　2—缺陷 3—清洗布　4—显像剂
检测方法：		检测方法：	
	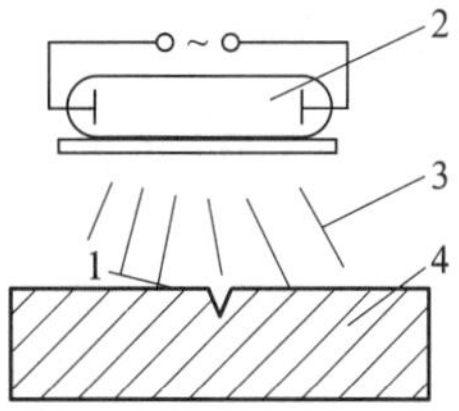 1—荧光粉　2—荧光灯 3—荧光　4—焊件		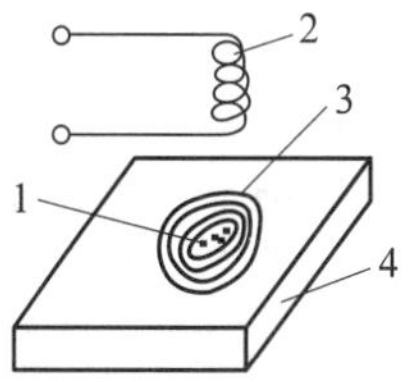 1—缺陷　2—线圈 3—涡流　4—焊件
检测方法：		检测方法：	

2.《现场设备、工业管道焊接工程施工质量验收规范》（GB 50683—2011）对管道焊接的规定有以下几方面。

（1）管道焊缝的检验等级划分为Ⅰ、Ⅱ、Ⅲ、Ⅳ、Ⅴ五个等级，见表1-5-2。

表1-5-2　管道焊缝检验等级

检验等级		Ⅰ	Ⅱ	Ⅲ	Ⅳ	Ⅴ
无损检测要求		100%检验	≥20%检验	≥10%检验	≥5%检验	不要求
缺陷名称	裂纹、未焊透、未熔合	不允许	不允许	不允许	不允许	不允许
	表面气孔	不允许	不允许	不允许	不允许	不允许
	外露夹渣	不允许	不允许	不允许	不允许	不允许
	未焊满	不允许	不允许	不允许	不允许	不允许
	咬边	不允许	深度：纵缝不允许，其他焊缝≤0.05T且≤0.5 mm；连续长度≤100 mm，两侧咬边总长度≤10%焊缝全长	深度：纵缝不允许，其他焊缝≤0.05T且≤0.5 mm；连续长度≤100 mm，两侧咬边总长度≤10%焊缝全长	深度：纵缝不允许，其他焊缝≤0.05T且≤0.5 mm；连续长度≤100 mm，两侧咬边总长度≤10%焊缝全长	深度：纵缝不允许，其他焊缝≤0.1T且≤1 mm；长度不限

续表

	根部收缩（根部凹陷）	不允许	深度 ≤ 0.2+0.02T 且 ≤ 0.5 mm；长度不限	深度 ≤ 0.2+0.02T 且 ≤ 1 mm；长度不限	深度 ≤ 0.2+0.02T 且 ≤ 1 mm；长度不限	深度 ≤ 0.2+0.04T 且 ≤ 2 mm；长度不限
缺陷名称	角焊缝厚度不足	不允许	不允许	≤ 0.3+0.05T 且 ≤ 1 mm；每 100 mm 焊缝长度内缺陷总长度 ≤ 25 mm	≤ 0.3+0.05T 且 ≤ 1 mm；每 100 mm 焊缝长度内缺陷总长度 ≤ 25 mm	≤ 0.3+0.05T 且 ≤ 2 mm；每 100 mm 焊缝长度内缺陷总长度 ≤ 25 mm
	角焊缝焊脚不对称	差值 ≤ 1+0.1t	差值 ≤ 1+0.15t	差值 ≤ 1+0.15t	差值 ≤ 1+0.15t	差值 ≤ 2+0.2t

注：1．当咬边经磨削修整并平滑过渡时，可按焊缝一侧较薄母材最小允许厚度值评定。

2．角焊缝焊脚不对称在特定条件下要求平缓过渡时，不受本规定限制（如搭接或不等厚板的对接和角接组合焊缝）。

3．除注明角焊缝缺陷外，其余均为对接、角接焊缝通用。

4．表中 T 为母材厚度，t 为设计焊缝厚度。

5．表中公式的常量单位为 mm。

（2）管道焊缝外观质量（余高和根部凸出）要求见表 1-5-3。

表 1-5-3　管道焊缝外观质量（余高和根部凸出）　mm

母材厚度 T		≤ 6	>6 ~ 13	>13 ~ 25	>25 ~ 50	>50
检查等级	Ⅰ	≤ 1.5	≤ 1.5	≤ 3	≤ 3	≤ 4
	Ⅱ、Ⅲ、Ⅳ	≤ 1.5	≤ 3	≤ 4	≤ 5	/
	Ⅴ	≤ 2	≤ 4	≤ 5	≤ 5	/

注：对于铝及铝合金的根部凸出，当母材厚度≤ 2 mm 时，根部凸出应≤ 1.5 mm；当母材厚度为 2 ~ 6 mm 时，根部凸出应≤ 2.5 mm；其他情况同上。

（3）管道对接焊缝处的角变形（图 1-5-1）应符合下列规定。

1）当管子公称尺寸小于 100 mm 时，允许偏差为 2 mm。

2）当管子公称尺寸大于或等于 100 mm 时，允许偏差为 3 mm。

检查数量：全部检查。

检测方法：观察检查或用钢直尺、焊接检验尺在距焊口中心 200 mm 处测量。

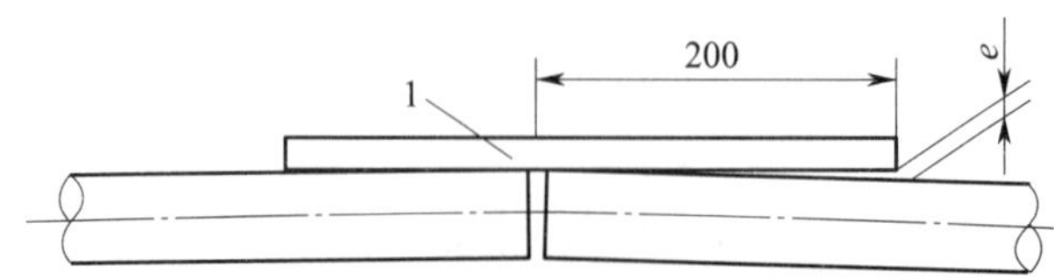

图 1-5-1　管道焊接接头的角变形

1—钢直尺　e—角变形（直线度偏差）

（4）焊缝外观检查

1）除设计文件另有规定外，现场焊接的管道和管道组成件的承插焊缝、支管连接焊缝（对接式支管连接焊缝除外）和补强圈焊缝、密封焊缝、支吊架与管道直接焊接的焊缝，以及管道上的其他角焊缝，其表面应进行磁粉探伤或渗透探伤。

2）磁粉探伤和渗透探伤检测应按能源行业标准《承压设备无损检测》（NB/T 47013—2015）的有关规定执行。

（5）焊缝射线探伤和超声波探伤

1）除设计文件另有规定外，现场焊接的管道及管道组成件的对接纵缝和环缝、对接式支管连接焊缝应进行射线探伤或超声波探伤。

2）管道名义厚度小于或等于 30 mm 的对接焊缝应采用射线探伤。管道名义厚度大于 30 mm 的对接焊缝可采用超声波探伤代替射线探伤。

3）管道焊缝的射线探伤和超声波探伤应符合能源行业标准《承压设备无损检测》（NB/T 47013—2015）的有关规定。

4）射线探伤和超声波探伤的技术等级应符合设计文件和国家有关标准的规定，且射线探伤不得低于 AB 级，超声波探伤不得低于 B 级。

管道焊缝缺陷中，不允许的缺陷有____________。角焊缝检查项目有____________和____________两项。

3．射线探伤

（1）探伤原理

射线探伤是利用 X 射线或 γ 射线在穿透被检测物各部分时强度衰减的不同，检测被检测物中缺陷的一种无损检测方法，如图 1–5–2 所示。

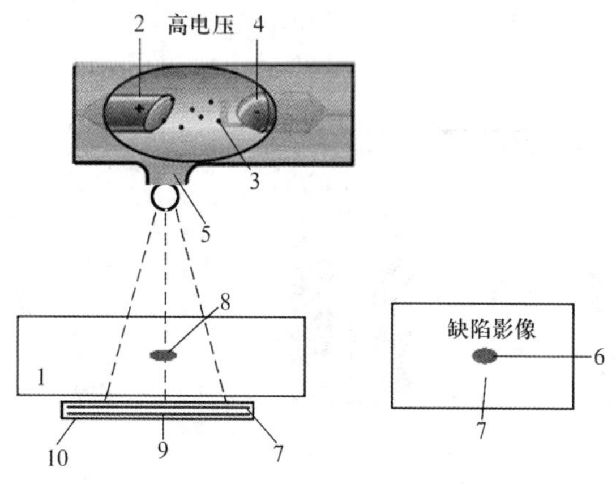

图 1–5–2　射线探伤原理

1—焊件　2—阳极　3—电子　4—阴极　5—射线源　6—缺陷影像　7—胶片　8—缺陷　9—增感屏　10—暗盒

射线探伤有射线照相法、射线荧光屏观察法、射线电离法、射线实时成像检验等方法，工业上常用的是射线照相法。

射线照相法能较直观地显示焊件内部缺陷的大小和形状，因此易于判定缺陷的性质，射线胶片可作为检测的原始记录供多方研究并长期保存。射线探伤主要用于检验焊缝内部的裂纹、未焊透、气孔、夹渣等缺陷。此外，射线对人体有害，需要采取适当的防护措施。

射线探伤工作流程如图 1–5–3 所示。

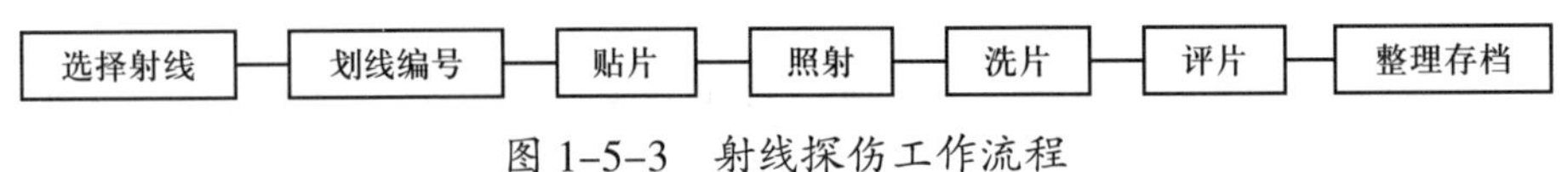

图 1–5–3　射线探伤工作流程

（2）探伤场地和设备

射线探伤场地需要进行专门的防护，也可在专用的铅房内，X 射线探伤仪由 X 射线发生器、控制器和连接电缆组成，如图 1–5–4 所示。

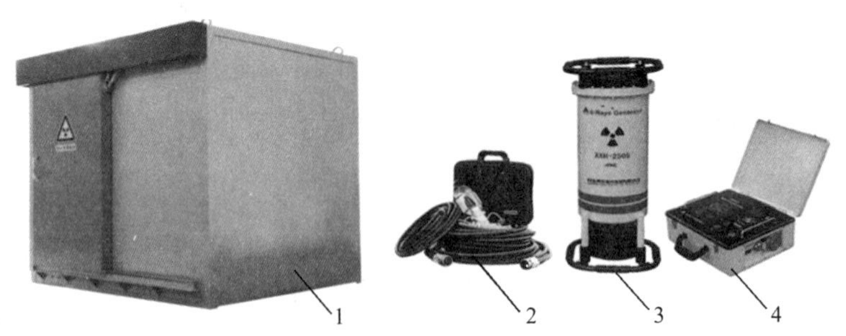

图 1–5–4　X 射线探伤设备和设施

1—铅房　2—连接电缆　3—X 射线发生器　4—控制器

（3）质量等级评定

经射线照射后，在胶片上有一条淡色影像即是焊缝，在焊缝部位中显示的深色条纹或斑点就是焊接缺陷，其尺寸、形状与焊缝内部实际存在的缺陷相当，查阅资料，在表 1–5–4 中填写相应焊接缺陷在胶片上的形状和特点。

表 1–5–4　焊接缺陷射线探伤影像及其形状和特点

缺陷	未焊透	裂纹	气孔	夹渣
胶片影像				
形状和特点				

利用射线探伤评定焊缝的质量可执行能源行业标准《承压设备无损检测　第 2 部分：射线检测》（NB/T 47013.2—2015）的规定。焊缝质量分为Ⅰ、Ⅱ、Ⅲ、Ⅳ 4 个等级，Ⅰ级焊接接头内不允许有裂纹、未熔合、未焊透和条状夹渣；Ⅱ级和Ⅲ级焊接接头内不允许有裂纹、未熔合和未焊透；焊缝缺陷超过Ⅲ级者为

Ⅳ级。

填写表 1–5–5 中胶片上的影像所对应的焊接缺陷的名称。

表 1–5–5　　胶片上的影像所对应的焊接缺陷

缺陷名称				
胶片上的影像				
缺陷名称				
胶片上的影像				
缺陷名称				
胶片上的影像				

四、检验

1．在班级范围内组建质量检查组，查阅标准，对燃气管道的焊缝进行相应的检测，并记录检测数据。

（1）检测组成员：____。

（2）将检测结果填入表 1–5–6 和表 1–5–7 中。

表 1–5–6　管道对接焊缝检测记录表

检查项目	检验方法及工具	检测要求	检测值	处理措施
焊缝宽度差	焊接检验尺和钢直尺	≤ 2 mm		
焊缝余高	焊接检验尺和钢直尺	0 ~ 3 mm		
焊缝余高差	焊接检验尺和钢直尺	≤ 2 mm		
咬边	低倍放大镜、钢直尺	无		
夹渣	低倍放大镜	无		
气孔	低倍放大镜	无		
未焊透	低倍放大镜、钢直尺	无		
裂纹	低倍放大镜	无		
焊缝表面成形	低倍放大镜	波纹细腻、均匀、美观		
角变形	钢直尺、水平仪	≤ 3°		

表 1–5–7　管道相贯线焊缝检测记录表

检查项目	检验方法及工具	检测要求	检测值	处理措施
焊脚尺寸	焊接检验尺和钢直尺	12 ~ 15 mm		
焊缝宽度差	焊接检验尺和钢直尺	≤ 2 mm		
焊缝凸度	焊接检验尺和钢直尺	0 ~ 3 mm		
焊缝凸度差	焊接检验尺和钢直尺	≤ 2 mm		
咬边	低倍放大镜、钢直尺	无		
夹渣	低倍放大镜	无		
气孔	低倍放大镜	无		
未焊透	低倍放大镜、钢直尺	无		
裂纹	低倍放大镜	无		
焊缝表面成形	低倍放大镜	波纹细腻、均匀、美观		
角变形	直角尺	≤ 3°		

2．管道内部质量由专门的检验公司进行检验，并给出检验结果。内部质量检验结果为__________级。根据管道外观质量检验和内部质量检验结果，判断该管道焊接质量最终结果为__________级。

子活动 2　缺 陷 返 修

焊接缺陷不仅影响产品的外观，也会影响产品的使用。因此必须将焊接缺陷清除或进行补焊，使焊件达到质量要求。

在焊接生产过程中，由于焊工操作技能、焊接参数、焊接材料的选用等方面因素的影响，往往会在焊接接头区域内产生不符合设计要求的焊接缺陷。焊接缺陷会直接影响焊接产品的使用性能和安全性，轻则导致产品报废，重则发生安全生产事故。因此，对于焊接检验过程中发现的焊接缺陷，应根据不同情形区别处理，对一些不合格的焊接产品进行返修。

焊接缺陷返修同样有接受任务、返修准备、返修和检验等工作环节。

一、返修通知单

管道焊接完成后，由检验人员进行无损检测，如发现超出标准要求的焊接缺陷，由检验人员填写返修通知单，通知焊接人员进行焊缝返修。假定管道具有超标的焊接缺陷，由检验人员下发焊缝返修通知单，见表 1–5–8。

表 1–5–8　　焊缝返修通知单

<table>
<tr><td colspan="6">焊缝返修通知单</td><td colspan="2" rowspan="2">编号：
返修次数：
签发人：</td></tr>
<tr><td>产品名称</td><td colspan="2">× × 工程燃气管道</td><td>产品编号</td><td colspan="2"></td></tr>
<tr><td>材料牌号</td><td colspan="2">施焊单位</td><td>厚度</td><td>焊工代号</td><td colspan="2">无损检测方法</td><td>焊接方法</td></tr>
<tr><td>Q355</td><td colspan="2">× × 管道工程处</td><td></td><td></td><td colspan="2">射线探伤</td><td>钨极氩弧焊</td></tr>
<tr><td rowspan="5">缺陷部位</td><td>胶片编号</td><td>缺陷长度</td><td>缺陷性质</td><td>缺陷位置</td><td>评定级别</td><td>检测日期</td><td>返修次数</td></tr>
<tr><td></td><td></td><td></td><td></td><td></td><td></td><td></td></tr>
<tr><td></td><td></td><td></td><td></td><td></td><td></td><td></td></tr>
<tr><td></td><td></td><td></td><td></td><td></td><td></td><td></td></tr>
<tr><td></td><td></td><td></td><td></td><td></td><td></td><td></td></tr>
<tr><td>缺陷核实情况及返修意见</td><td colspan="3">经核实存在缺陷，用砂轮打磨至缺陷清除，按制定的返修工艺进行返修
核实者（签字）：
日期：　　年　　月　　日</td><td>焊接负责人审批</td><td colspan="3">同意返修
审批（签字）：
日期：　　年　　月　　日</td></tr>
</table>

续表

<table>
<tr><td rowspan="9">返修
工艺</td><td rowspan="2">焊层</td><td rowspan="2">焊接
方法</td><td colspan="2">焊接材料</td><td rowspan="2">焊接电
流 /A</td><td rowspan="2">电弧电
压 /V</td><td rowspan="2">焊接速度 /
（mm/min）</td><td rowspan="9">返修自检结果：

返修焊工姓名：

返修焊工代号：

返修日期：

自检签字：</td></tr>
<tr><td>牌号</td><td>规格 /mm</td></tr>
<tr><td></td><td></td><td></td><td></td><td></td><td></td><td></td></tr>
<tr><td></td><td></td><td></td><td></td><td></td><td></td><td></td></tr>
<tr><td></td><td></td><td></td><td></td><td></td><td></td><td></td></tr>
<tr><td></td><td></td><td></td><td></td><td></td><td></td><td></td></tr>
<tr><td></td><td></td><td></td><td></td><td></td><td></td><td></td></tr>
<tr><td></td><td></td><td></td><td></td><td></td><td></td><td></td></tr>
<tr><td></td><td></td><td></td><td></td><td></td><td></td><td></td></tr>
<tr><td rowspan="7">施焊
记录</td><td></td><td></td><td></td><td></td><td></td><td></td><td></td><td rowspan="7">专检检验结果：

专检人员签字：

日期：</td></tr>
<tr><td></td><td></td><td></td><td></td><td></td><td></td><td></td></tr>
<tr><td></td><td></td><td></td><td></td><td></td><td></td><td></td></tr>
<tr><td></td><td></td><td></td><td></td><td></td><td></td><td></td></tr>
<tr><td></td><td></td><td></td><td></td><td></td><td></td><td></td></tr>
<tr><td></td><td></td><td></td><td></td><td></td><td></td><td></td></tr>
<tr><td></td><td></td><td></td><td></td><td></td><td></td><td></td></tr>
<tr><td colspan="9">返修流转程序如下：
一次返修、二次返修：探伤室→检验员→生产车间→焊接工艺员→焊接负责人→焊接工艺员→生产车间→检验员→探伤→归档
三次返修：探伤室→检验员→焊接工艺员→焊接负责人→质量工程师→焊接负责人→焊接工艺员→生产车间→检验员→探伤→归档</td></tr>
</table>

阅读焊缝返修通知单，以小组为单位讨论其内容，提炼、总结以下主要信息，再根据教师点评和组间讨论的意见，改正其中的错误和疏漏之处。

1．签发焊缝返修通知单的部门是____________________。

2．收到焊缝返修通知单后，缺陷核实的工作应由____________________完成。

3．缺陷核实后，由____________________审批完成，才能进行返修。

4．审批通过后，制定返修工艺的工作由____________________完成。

5．返修工艺制定完成后，由____________________负责完成焊缝返修工作。

6．返修工作完成且自检、专检合格后，交____________________进行无损检测。

7．一次返修合格后，返修通知单交回资料室____________________。

8．一次返修不合格，需要进行____________________。

9．进行第三次返修时，需经过____________________批准。

10．通过焊缝返修通知单提供的信息，该管道可能存在的焊缝缺陷为____________________，查阅相关资料，分析产生缺陷的原因。

二、制定返修工艺

1．分析焊缝缺陷产生的原因，并简述可采取哪些焊接工艺措施避免该类缺陷的产生。

2．简述返修前需要做的准备工作。

三、焊缝返修

1．根据焊缝返修通知单上的缺陷部位，可以采用________________________________等工具清除缺陷。缺陷清除后，必须将坡口内的切屑、焊渣及灰尘清除掉。

2．根据制定好的返修工艺进行焊缝返修，由小组检验人员填写返修通知单上的施焊记录。

四、检验

1．各小组返修完成后，由小组检验人员填写检测记录表（表 1-5-9）。

表 1-5-9 管道对接焊缝检测记录表

检查项目	检验方法及工具	检测要求	检测值
焊缝宽度差	焊接检验尺和钢直尺	≤ 2 mm	
焊缝余高	焊接检验尺和钢直尺	0 ~ 3 mm	
焊缝余高差	焊接检验尺和钢直尺	≤ 2 mm	
咬边	低倍放大镜、钢直尺	无	
夹渣	低倍放大镜	无	
气孔	低倍放大镜	无	
未焊透	低倍放大镜、钢直尺	无	
焊缝偏下	焊接检验尺	无	
裂纹	低倍放大镜	无	
焊缝表面成形	低倍放大镜	波纹细腻、均匀、美观	
角变形	钢直尺	≤ 3°	

2．在表 1-5-10 中记录焊缝缺陷返修过程中出现的质量问题并提出合理的解决方案。

表 1-5-10 焊缝缺陷返修记录表

质量问题	解决方案

子活动 3　学习活动评价

根据学习活动 5 的学习过程，完成本学习活动的评价，将评价结果填入表 1-5-11 中。

表 1-5-11　　　　学习活动评价表

学习活动名称：焊接质量检验与返修　　小组名称：____________　　组员姓名：____________

<table>
<tr><th colspan="2" rowspan="3">评价项目</th><th rowspan="3">评价内容</th><th rowspan="3">评价依据</th><th colspan="3">评价方式</th><th rowspan="3">权重</th><th rowspan="3">得分小计</th><th rowspan="3">总分</th></tr>
<tr><th>自我评价</th><th>小组评价</th><th>教师评价</th></tr>
<tr><th>10%</th><th>40%</th><th>50%</th></tr>
<tr><td rowspan="5">关键能力</td><td rowspan="3">社会能力</td><td>团队协作能力</td><td>分工明确、互相配合</td><td></td><td></td><td></td><td>10%</td><td rowspan="3"></td><td rowspan="7"></td></tr>
<tr><td>沟通表达能力</td><td>仪容仪表、演示发言</td><td></td><td></td><td></td><td>10%</td></tr>
<tr><td>问题解决能力</td><td>能否发现存在的问题，并提出解决方法</td><td></td><td></td><td></td><td>10%</td></tr>
<tr><td rowspan="2">方法能力</td><td>信息处理能力</td><td>返修问题与解决方案</td><td></td><td></td><td></td><td>10%</td><td rowspan="2"></td></tr>
<tr><td>学习能力</td><td>工作页完成情况</td><td></td><td></td><td></td><td>10%</td></tr>
<tr><td colspan="2" rowspan="2">专业能力</td><td>质量检验能力</td><td>检验工具的使用和结果判定</td><td></td><td></td><td></td><td>25%</td><td></td></tr>
<tr><td>缺陷返修能力</td><td>返修工艺与返修操作</td><td></td><td></td><td></td><td>25%</td><td></td></tr>
<tr><td colspan="2">指导教师综合评价</td><td colspan="8">

指导教师签名：　　　　　　　　　　日期：</td></tr>
</table>

学习活动 6　总结与评价

学习目标

1. 能根据学习过程及评价结果进行反思和总结，撰写总结报告并展示。

2. 能根据各学习活动的完成情况对燃气管道焊接的总过程进行评价。

学习活动描述

总结学习活动、展示作品是提升职业成就感的重要途径。评价个人和小组的学习过程，可使学生感受收获与得失，并发现每个人的特长，从而向更高的目标迈进。

子活动与建议课时

子活动 1　工作总结（2 学时）

子活动 2　学习任务评价（1 学时）

建议学时：3 学时。

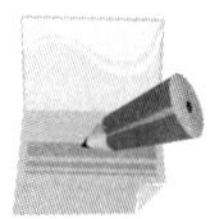

学习准备

资料与材料：工作页、技术标准、技术文件、专业书籍等。

设备与工具：计算机等。

子活动 1　工 作 总 结

在完成燃气管道焊接的过程中，既提升了学生的焊接技能，又培养了学生的交流和团队协作能力等。

一、小组工作总结

以小组为单位汇报本组工作收获及创新情况，结合各小组汇报情况，反思本组工作过程，并填写表 1–6–1。

表 1–6–1　学习活动总结

内容名称	做得好的方面	存在的问题及分析	解决方法	备注
明确工作任务				
技能准备				
制订计划				
任务实施				
焊接质量检验与返修				
小组心得体会				

二、个人工作总结

撰写学生个人工作总结，字数不少于 500 字。

子活动 2　学习任务评价

燃气管道焊接任务包含明确工作任务、技能准备、制订计划、任务实施、焊接质量检验与返修、总结与评价 6 个学习活动，做好学习任务评价可以培养和提升学生的综合职业能力。

一、填写学习任务评价表（表 1–6–2）

表 1–6–2　　学习任务评价表

学习任务名称：燃气管道焊接　　小组名称：________　　组员姓名：________

<table>
<tr><td colspan="2" rowspan="3">评价项目</td><td rowspan="3">评价内容</td><td colspan="2">明确
工作任务</td><td colspan="2">技能准备</td><td colspan="2">制订计划</td><td colspan="2">任务实施</td><td colspan="2">焊接质量
检验与返修</td><td rowspan="3">总分</td></tr>
<tr><td colspan="2">权重：20%</td><td colspan="2">权重：20%</td><td colspan="2">权重：20%</td><td colspan="2">权重：30%</td><td colspan="2">权重：10%</td></tr>
<tr><td>小分</td><td>得分
小计</td><td>小分</td><td>得分
小计</td><td>小分</td><td>得分
小计</td><td>小分</td><td>得分
小计</td><td>小分</td><td>得分
小计</td></tr>
<tr><td rowspan="6">关键
能力</td><td rowspan="3">社会
能力</td><td>安全、文明操作</td><td></td><td rowspan="6"></td><td></td><td rowspan="6"></td><td></td><td rowspan="6"></td><td></td><td rowspan="6"></td><td></td><td rowspan="6"></td><td rowspan="10"></td></tr>
<tr><td>团队协作能力</td><td></td><td></td><td></td><td></td><td></td></tr>
<tr><td>沟通表达能力</td><td></td><td></td><td></td><td></td><td></td></tr>
<tr><td rowspan="3">方法
能力</td><td>信息处理能力</td><td></td><td></td><td></td><td></td><td></td></tr>
<tr><td>学习能力</td><td></td><td></td><td></td><td></td><td></td></tr>
<tr><td>外语能力</td><td></td><td></td><td></td><td></td><td></td></tr>
<tr><td colspan="2" rowspan="4">专业能力</td><td>识图能力</td><td></td><td rowspan="4"></td><td></td><td rowspan="4"></td><td></td><td rowspan="4"></td><td></td><td rowspan="4"></td><td></td><td rowspan="4"></td></tr>
<tr><td>焊接基础技能</td><td></td><td></td><td></td><td></td><td></td></tr>
<tr><td>管道焊接质量</td><td></td><td></td><td></td><td></td><td></td></tr>
<tr><td>检验与返修能力</td><td></td><td></td><td></td><td></td><td></td></tr>
<tr><td colspan="2">指导教师
综合评价</td><td colspan="12">

指导教师签名：　　　　　　　　日期：</td></tr>
</table>

二、学习任务评价结果

根据学习任务评价结果，写一篇专业能力和关键能力提高计划，字数不少于 200 字。

学习任务二　供氩管道焊接

学习目标

1. 能根据焊接作业环境需要，选择、穿戴并维护安全防护用品。

2. 能正确识读供氩管道图样和焊接工艺文件，明确工作任务、技术要求和质量标准。

3. 能明确供氩管道的焊接方法、焊接顺序、质量控制关键点、特殊要求、质量检验方法等，并确定相应的预防和控制措施。

4. 能根据焊接工艺文件核对焊接材料的型号、规格和数量。

5. 能根据焊接工艺文件完成焊前准备工作，并确认作业场地和周围环境达到劳动安全和职业健康要求。

6. 能根据供氩管道图样和焊接工艺文件确认组对质量符合要求、预防措施到位。

7. 能按要求使用设备和工具，严格执行焊接工艺文件，运用焊接操作技能完成焊接作业，焊接过程中能采取有效措施预防和减少焊接缺陷。

8. 能按要求进行焊接接头的清理、自检和表面缺陷的返修；能依据返修通知单和返修工艺文件进行焊接缺陷定位、清理及返修；能填写自检记录表。

9. 能与相关人员进行有效沟通，获取解决问题的方法和措施，解决工作过程中常见的问题。

10. 能对设备和工具等进行日常维护及保养。

11. 能根据“6S”管理规范，清理场地，归置物品，并按环保要求处理废弃物。

12. 能积极主动展示工作成果，对学习和工作过程中出现的问题进行反思总结，优化加工方案和策略，具备知识迁移能力。

建议学时

100 学时。

工作情境描述

某企业需要焊接、制造集中供氩管道线路，材料为 Q355，ϕ108 mm×6 mm 垂直固定对接焊缝，

ϕ108 mm×6 mm 与 ϕ57 mm×5 mm 相贯线焊缝，要求在保证质量的前提下尽快完工，焊工组决定采用药芯焊丝 CO_2 气体保护焊完成管道焊接作业。

学习活动 1　明确工作任务（4 学时）
学习活动 2　技能准备（60 学时）
学习活动 3　制订计划（6 学时）
学习活动 4　任务实施（20 学时）
学习活动 5　焊接质量检验与返修（7 学时）
学习活动 6　总结与评价（3 学时）

学习活动 1　明确工作任务

学习目标

1. 能通过生产任务单，准确概括、复述任务内容及要求。
2. 能识读供氩管道图样和技术要求。
3. 能描述供氩管道焊接所用材料的牌号、性能和焊接性。
4. 能根据焊接工艺文件制定供氩管道焊接的施工步骤。
5. 能根据图样要求，明确图上标注的焊缝符号及其含义。
6. 能根据焊接工艺文件，选择焊接材料、参数，分析焊接参数对焊接接头的影响。

学习活动描述

明确工作任务是完成供氩管道焊接工作的第一步。通过识读焊接工艺文件，明确供氩管道的材料、规格、焊接方法和技术要求，并对供氩管道的技术参数、输送介质等知识有整体的认知。

子活动与建议课时

子活动 1　识读供氩管道焊接工艺文件（3 学时）

子活动 2　学习活动评价（1 学时）

建议学时：4 学时。

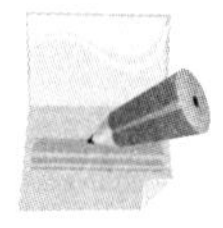

学习准备

资料与材料：工作页、技术标准、技术文件、专业书籍和管材等。

设备与工具：计算机等。

子活动 1　识读供氩管道焊接工艺文件

供氩管道焊接工艺文件包括生产任务单、焊件图、焊接工艺规程（焊接工艺卡）等，焊接工艺文件的内容包括任务要求、生产设备、焊接方法和焊接参数、施工人员资质等。

一、供氩管道焊接工艺文件

1．生产任务单

按照规定从生产主管处领取生产任务单（表 2–1–1），签字确认，并完成以下项目。

现焊工班组收到生产部门派发的生产任务单，加工任务为供氩管道焊接。仔细阅读生产任务单，按照生产任务单提供的基本信息，查阅相关资料，明确工作任务的内容和要求，填写生产任务单，完成学习任务。

表 2–1–1　　生产任务单

开单部门：____________________　　开 单 人：____________________

开单时间：______年______月______日　　接 单 人：______小组______（签名）

<table>
<tr><td colspan="5">以下由开单人填写</td></tr>
<tr><td>任务名称</td><td>供氩管道焊接</td><td>完成工时</td><td colspan="2">16 h</td></tr>
<tr><td>任务细则</td><td colspan="4">1．到仓库领取相应的材料
2．根据现场情况选用合适的工具、量具和设备
3．根据焊接工艺文件进行加工，并交付检验
4．填写生产任务单，清理工作场地，完成工具、量具和设备的维护及保养</td></tr>
<tr><td>领取材料</td><td>ϕ 108 mm × 6 mm 和 ϕ 57 mm × 5 mm 管材若干</td><td rowspan="2" colspan="2">成本核算</td><td rowspan="2">金额合计：

仓管员（签名）

年　月　日</td></tr>
<tr><td>领用设备与工具</td><td>1．熔化极气体保护焊设备、E501T–1 焊丝、CO_2 气体气瓶、预热器、减压器与流量计、打磨和焊接面罩
2．钢丝钳、尖嘴钳、扳手、划针、夹具、磁性焊接定位器、角向磨光机、直磨机
3．焊接检验尺、直角尺、咬边检测尺</td></tr>
<tr><td>操作者检测</td><td></td><td colspan="3">（签名）

年　月　日</td></tr>
<tr><td>班组检测</td><td></td><td colspan="3">（签名）

年　月　日</td></tr>
<tr><td>质量员检测</td><td></td><td colspan="3">（签名）

年　月　日</td></tr>
</table>

2．焊件图

如图 2–1–1 所示为供氩管道焊件图。

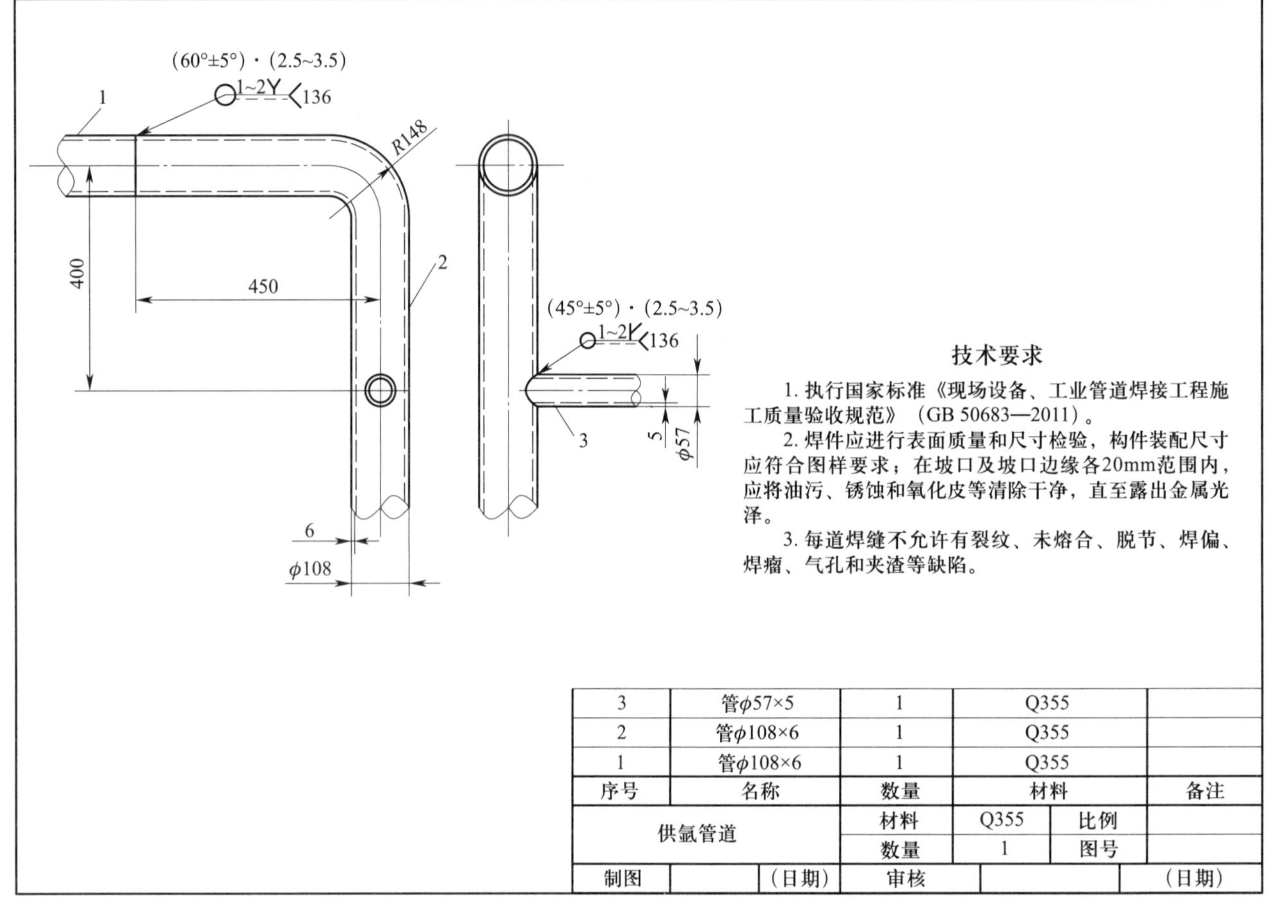

3	管φ57×5	1	Q355		
2	管φ108×6	1	Q355		
1	管φ108×6	1	Q355		
序号	名称	数量	材料		备注
供氩管道		材料	Q355	比例	
		数量	1	图号	
制图	（日期）	审核			（日期）

图 2–1–1　供氩管道焊件图

3．焊接工艺卡

供氩管道焊接工艺卡见表 2–1–2 和表 2–1–3。

表 2–1–2　焊接工艺卡（1）

工程名称	管道对接垂直固定焊接			工艺卡编号		01	
材质	Q355	规格	φ 108 mm × 6 mm	焊接方法	药芯焊丝 CO_2 气体保护焊	焊工资格	特种作业操作证
焊评编号	无		无损检测	按《承压设备无损检测　第 2 部分：射线检测》（NB/T 47013.2—2015），采用检测比例为 100% 的 RT 检测		合格等级	Ⅱ级
适用范围			管道对接垂直固定焊缝				

续表

焊接层次	焊接电流 /A	电弧电压 /V	CO_2 气体流量 /（L/min）	焊丝型号	焊丝直径 /mm	焊丝伸出长度 /mm
定位焊	160 ~ 180	21 ~ 23	15 ~ 18	E501T–1	1.2	15 ~ 20
1	160 ~ 180		15 ~ 18			
2	170 ~ 190		15 ~ 18			
坡口尺寸及熔敷图	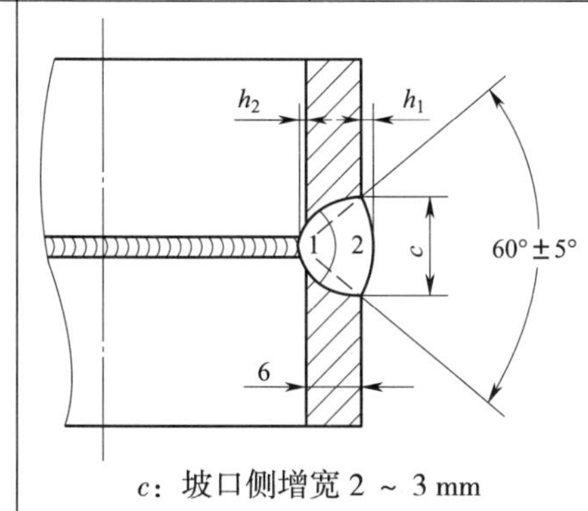 c：坡口侧增宽 2 ~ 3 mm h_1、h_2：在 0 ~ 3 mm 范围内取值		焊接技术要求	1. 按圆周方向在管子 V 形坡口均布 2 ~ 3 处定位焊点，每处定位焊缝长度为 5 ~ 10 mm，厚度不超过 3 mm, 定位焊缝两端修成斜坡状，以便于接头 2. 管子定位焊应采用与正式焊接相同的焊接方法和焊接材料，焊丝型号为 E501T–1，CO_2 气体纯度≥ 99.5% 3. 焊接过程中不准改变焊接位置 4. 焊接完毕，应认真清理管子表面的焊渣、飞溅等，不能破坏焊缝的原始表面 5. 所有对接焊缝均需进行射线检测		

表 2–1–3　　焊接工艺卡（2）

工程名称	管道相贯线焊接			工艺卡编号		02	
材质	Q355	规格	ϕ 108 mm × 6 mm、ϕ 57 mm × 5 mm	焊接方法	药芯焊丝 CO_2 气体保护焊	焊工资格	特种作业操作证
焊评编号	无		无损检测	按《承压设备无损检测　第 2 部分：射线检测》（NB/T 47013.2—2015），采用检测比例为 100% 的 PT 检测		合格等级	Ⅱ级
适用范围			正交插接相贯线焊缝				
焊接层次	焊接电流 /A		电弧电压 /V	CO_2 气体流量 /（L/min）	焊丝型号	焊丝直径 /mm	焊丝伸出长度 /mm
定位焊	160 ~ 180		21 ~ 23	15 ~ 18	E501T–1	1.2	15 ~ 20
1	160 ~ 180			15 ~ 18			
2	170 ~ 190			15 ~ 18			
坡口尺寸及熔敷图	焊缝宽度在坡口侧增宽 0.5 ~ 1 mm			焊接技术要求	1. 按圆周方向在管子单边 V 形坡口均布 3 处定位焊点，每处定位焊缝长度为 10 ~ 15 mm，要求焊透，不得有气孔、夹渣、未焊透等缺陷。定位焊缝两端修成斜坡状，以便于接头 2. 管子定位焊应采用与正式焊接相同的焊接方法和焊接材料，焊丝型号为 E501T–1，CO_2 气体纯度≥ 99.5% 3. 管子焊接时，焊缝高度不限，焊接过程中不准改变焊接位置 4. 焊接完毕，应认真清理管子表面的焊渣、飞溅物等，不能破坏焊缝的原始表面 5. 所有焊缝均需进行渗透探伤			

二、明确工作内容

1．仔细阅读生产任务单，结合工作情境描述，简述本学习任务的工作内容及要求。

2．查阅资料，填写表 2-1-4 中焊接位置的代号。

表 2-1-4　　焊接位置的代号

焊缝形式	焊接位置	代号
管道对接焊缝	水平转动	
	垂直固定	
	水平固定	

3．查阅资料，填写表 2-1-5 中各焊接方法的数字代号、英文缩写和全称。

表 2-1-5　　焊接方法的数字代号、英文缩写和全称

焊接方法	数字代号	英文缩写	英文全称
焊条电弧焊			Shielded Metal Arc Welding
CO_2 气体保护焊（实心焊丝）			Gas Metal Arc Welding
CO_2 气体保护焊（药芯焊丝）			Flux Cored Arc Welding
钨极氩弧焊			Gas Tungsten Arc Welding
			Tungsten Inert Gas Welding
熔化极氩弧焊			Melt Inert Gas Welding
活性气体保护焊			Metal Active Gas Welding

4．识读表 2-1-2 焊接工艺卡（1）和表 2-1-3 焊接工艺卡（2），回答下列问题。

（1）供氩管道焊接采用____________________________，所选用的焊丝型号为____________，直径为__________mm，材质为______________。

（2）从焊件图和焊接工艺卡中可以得出，“Y”表示焊缝开________形坡口，坡口角度为__________，“O”表示______________________。采用的焊接方法为__________________________。

拓展阅读

三　通

有三个开口的管接头称为三通。三通具有主管和在主管一侧垂直于主管与主管连通的支管。

按照管径分类，三通可分为同径三通和异径三通。同径三通的主管和支管管径一样，异径三通的支管管径小于主管管径。按照支管形式分类，三通可分为正三通和斜三通。正三通就是支管垂直于主管的三通，斜三通就是支管与主管有一定夹角的三通。

两个不同直径的圆管相交，在相交形体表面形成表面交线，就是所说的相贯线。两根异径管子垂直相交，相贯线为马鞍形空间曲线。焊接时，两根管子正交插接，主管水平固定并开孔和坡口，支管垂直插入。

子活动 2　学习活动评价

根据学习活动 1 的学习过程，完成本学习活动的评价，将评价结果填入表 2-1-6 中。

表 2-1-6　　学习活动评价表

学习活动名称：明确工作任务　小组名称：________　组员姓名：________

<table>
<tr><th colspan="2" rowspan="3">评价项目</th><th rowspan="3">评价内容</th><th rowspan="3">评价依据</th><th colspan="3">评价方式</th><th rowspan="3">权重</th><th rowspan="3">得分小计</th><th rowspan="3">总分</th></tr>
<tr><th>自我评价</th><th>小组评价</th><th>教师评价</th></tr>
<tr><th>10%</th><th>40%</th><th>50%</th></tr>
<tr><td rowspan="5">关键能力</td><td rowspan="3">社会能力</td><td>安全、文明操作</td><td>操作规范、安全</td><td></td><td></td><td></td><td>10%</td><td rowspan="3"></td><td rowspan="6"></td></tr>
<tr><td>团队协作能力</td><td>分工明确、互相配合</td><td></td><td></td><td></td><td>10%</td></tr>
<tr><td>沟通表达能力</td><td>仪容仪表、演示发言</td><td></td><td></td><td></td><td>10%</td></tr>
<tr><td rowspan="2">方法能力</td><td>信息处理能力</td><td>工作小结</td><td></td><td></td><td></td><td>10%</td><td rowspan="2"></td></tr>
<tr><td>学习能力</td><td>工作页完成情况</td><td></td><td></td><td></td><td>10%</td></tr>
<tr><td colspan="2">专业能力</td><td>识图和识读焊接工艺卡的能力</td><td>课堂表述</td><td></td><td></td><td></td><td>50%</td><td></td></tr>
<tr><td colspan="2">指导教师综合评价</td><td colspan="8">

指导教师签名：　　　　　　　　日期：</td></tr>
</table>

注：自我评价、小组评价、教师评价均采用百分制。

学习活动2 技能准备

学习目标

1. 能根据药芯焊丝 CO_2 气体保护焊的工艺选择焊接参数。

2. 能根据药芯焊丝 CO_2 气体保护焊的特点完成焊前各项准备工作，并确认作业场地和周围环境达到劳动安全和职业健康要求。

3. 能按要求使用设备和工具，严格执行焊接工艺文件，采用药芯焊丝 CO_2 气体保护焊方法完成管道水平转动对接焊缝、垂直固定对接焊缝和相贯线焊缝的焊接。焊接过程中能采取有效措施预防和减少焊接缺陷、焊接变形和焊接应力。

4. 能按要求进行焊接接头的清理、自检。

5. 能对药芯焊丝 CO_2 气体保护焊设备和工具进行日常维护及保养。

学习活动描述

药芯焊丝 CO_2 气体保护焊是管道生产中常用的焊接方法。低合金钢管对接水平转动 CO_2 气体保护焊操作技能是实施管道各种位置焊接的基础。管道对接垂直固定焊缝和相贯线焊缝 CO_2 气体保护焊操作技能是完成供氩管道焊接任务的关键，其焊接质量检验标准也是管道焊缝质量检验的要求。

子活动与建议课时

子活动 1　低合金钢管对接水平转动 CO_2 气体保护焊（18 学时）

子活动 2 低合金钢管对接垂直固定 CO_2 气体保护焊（20 学时）

子活动 3 低合金钢管相贯线 CO_2 气体保护焊（20 学时）

子活动 4 学习活动评价（2 学时）

建议学时：60 学时。

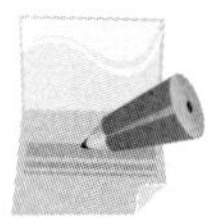

学习准备

资料与材料：工作页、技术标准、技术文件、专业书籍、管材、药芯焊丝、CO_2 气体（纯度≥ 99.5%）等。

设备与工具：计算机、CO_2 气体保护焊设备、焊接辅助工具和夹具、通风及除尘设备等。

子活动 1 低合金钢管对接水平转动 CO_2 气体保护焊

管道对接水平转动 CO_2 气体保护焊是管道对接各位置中操作难度最低的，也是初学者最容易掌握的。通过该位置的焊接技能学习有助于焊工掌握药芯焊丝 CO_2 气体保护焊的基本操作要领，也为其他位置的焊接操作技能学习打下基础。

一、焊件图与焊接工艺卡

1．焊件图（图 2-2-1）

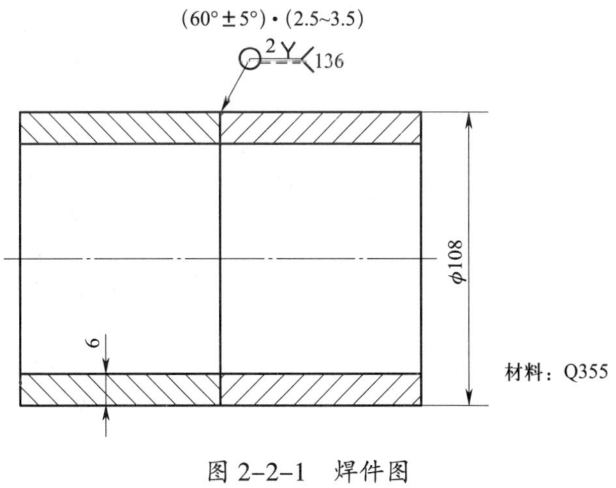

图 2-2-1 焊件图

如图 2-2-1 所示，管子的材料为__________________，规格为______________ mm。

“(60°±5°)·(2.5~3.5) 2Y 136 ”表示母材开__________形坡口，坡口角度为__________，钝边为________ mm，根部间隙为__________ mm，其中“136”表示焊接方法为________________________________。

2．焊接工艺卡

低合金钢管对接水平转动 CO_2 气体保护焊焊接工艺卡见表 2-2-1。

表 2-2-1　　焊接工艺卡

<table>
<tr><td>工程名称</td><td colspan="3">低合金钢管对接水平转动 CO_2 气体保护焊</td><td colspan="2">工艺卡编号</td><td colspan="2">01</td></tr>
<tr><td>材质</td><td>Q355</td><td>规格</td><td>ϕ108 mm × 6 mm</td><td>焊接方法</td><td>药芯焊丝 CO_2 气体保护焊</td><td>焊工资格</td><td>特种作业操作证</td></tr>
<tr><td>焊评编号</td><td colspan="2">无</td><td>无损检测</td><td colspan="2">按能源行业标准《承压设备无损检测　第 2 部分：射线检测》（NB/T 47013.2—2015），采用检测比例为 100% 的 RT 检测</td><td>合格等级</td><td>Ⅱ级</td></tr>
<tr><td>适用范围</td><td colspan="7">管道对接水平转动焊缝</td></tr>
<tr><td>焊接层次</td><td>焊接电流 /A</td><td>电弧电压 /V</td><td>CO_2 气体流量 /（L/mim）</td><td>焊丝型号</td><td>焊丝直径 / mm</td><td>焊丝伸出长度 /mm</td><td>电源极性</td></tr>
<tr><td>1</td><td>160 ～ 180</td><td rowspan="2">21 ～ 23</td><td rowspan="2">15 ～ 18</td><td rowspan="2">E501T-1</td><td rowspan="2">1.2</td><td rowspan="2">15 ～ 20</td><td rowspan="2">直流反接</td></tr>
<tr><td>2</td><td>160 ～ 190</td></tr>
<tr><td>坡口尺寸及熔敷图</td><td colspan="3">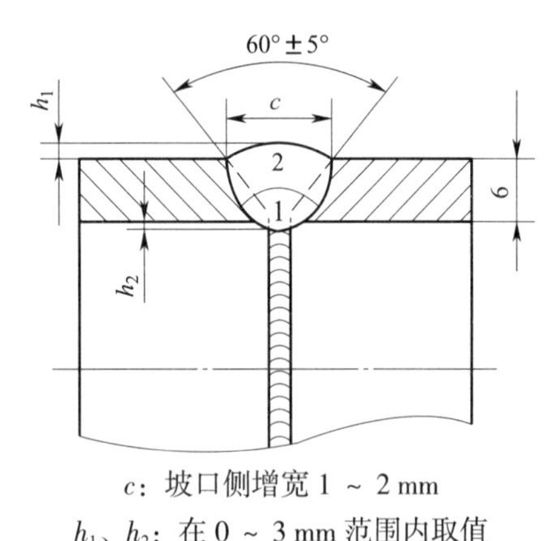

c：坡口侧增宽 1 ～ 2 mm
h_1、h_2：在 0 ～ 3 mm 范围内取值</td><td>焊接技术要求</td><td colspan="3">1．按圆周方向在管子坡口 1（焊接时钟 3 点和 12 点）处进行定位焊，每处定位焊缝长度为 10 ～ 15 mm，要求焊透，不得有气孔、夹渣、未焊透等缺陷。定位焊缝两端修成斜坡状，以便于接头
2．管子定位焊应采用与正式焊接相同的焊接工艺和焊接材料，焊丝型号为 E501T-1，CO_2 气体纯度≥ 99.5%
3．管子焊接时，焊缝高度不限，焊接过程中不准改变焊接位置
4．焊接完毕，应认真清理管子表面的焊渣、飞溅物等，不能破坏焊缝的原始表面
5．所有对接焊缝均需进行射线探伤和水压试验检测</td></tr>
</table>

从焊接工艺卡中可以看出，焊缝分________层________道焊接，定位焊缝共有______处，每处长度为________ mm，焊后需经____________探伤，合格等级为________级，焊缝余高为________ mm。

二、焊前准备

1．根据图 2-2-2 所示的焊丝型号，判断哪一种是药芯焊丝，哪一种是实心焊丝。

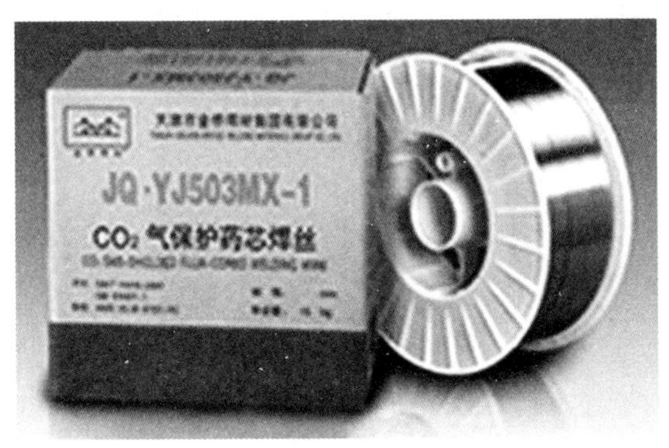

a)

b)

图 2-2-2　CO_2 气体保护焊焊丝

a)__________　b)__________

药芯焊丝又称粉芯焊丝或管状焊丝，它分为加气保护和不加气保护两大类。药芯焊丝表面与实心焊丝一样，是由塑性较好的低碳钢或低合金钢等材料制成的，其制造方法是先把钢带轧制成 U 形断面形状，再把按剂量配好的焊粉填加到 U 形钢带中，用压轧机轧紧，最后经拉拔制成不同规格的药芯焊丝。

药芯焊丝的截面形状种类较多，典型的焊丝截面形状如图 2-2-3 所示。药芯焊丝的截面形状可以分为简单断面的“O”形和复杂断面的折叠形，折叠形又分为“梅花”形、“T”形、“E”形和“中间填丝”形等。

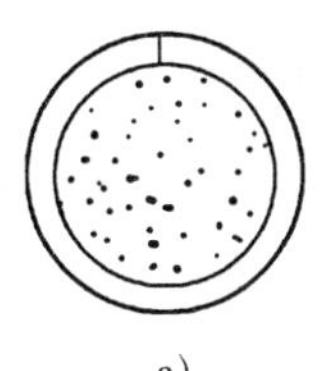
a)

b)

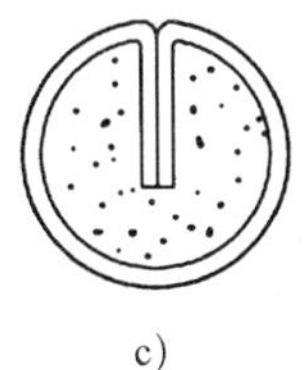
c)

d)

e)

图 2-2-3　药芯焊丝截面形状

a)“O”形　b)“梅花”形　c)“T”形　d)“E”形　e)“中间填丝”形

拓展阅读

药芯焊丝气体保护焊

利用药芯焊丝作为熔化极的电弧焊称为药芯焊丝电弧焊（Fluxed-cored Arc Welding，FCAW）。药芯焊丝电弧焊有两种焊接形式，一种是焊接过程中使用外加气体（一般是纯 CO_2 或 CO_2+Ar）的焊接，称为药芯焊丝气体保护电弧焊，它与普通熔化极气体保护电弧焊基本相同；另一种是不用外加保护气体，只靠焊丝内部的芯料燃烧与分解所产生的气体和熔渣作为保护的焊接，称为自保护电弧焊。

2．焊接设备

熔化极气体保护焊所用的设备有半自动焊机和自动焊机两类。在实际生产中，半自动焊机使用较多。

焊机主要由焊接电源、送丝系统、焊枪及行走机构（自动焊）、供气系统和水冷系统等部分组成。图 2-2-4 所示为半自动熔化极气体保护焊示意图。

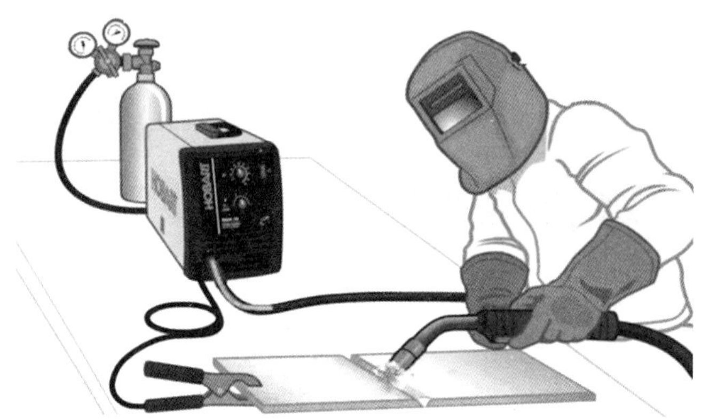

图 2-2-4 半自动熔化极气体保护焊示意图

3．在图 2-2-5 中填写焊接安全防护用品及辅助工具。

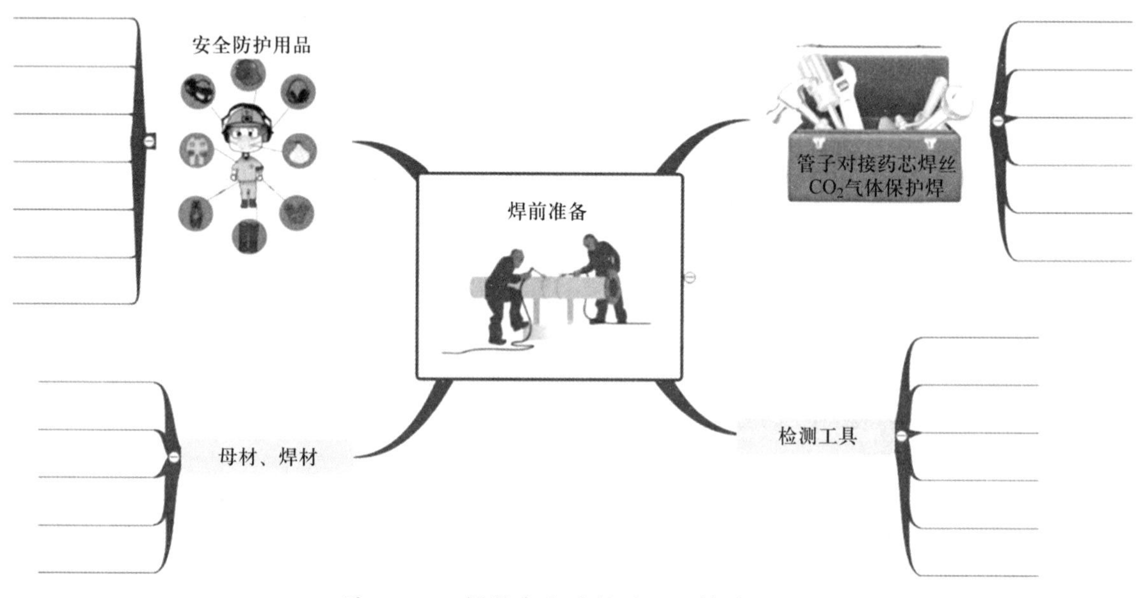

图 2-2-5 焊接安全防护用品及辅助工具

4．将焊前安全检查项目的内容补充完整，并完成相应的安全检查。

（1）场地周围________________ m 范围内无易燃、易爆物品；焊接场地面积≥________________ m^2 且照明良好。

（2）焊机接零或____________________，无漏电现象，风扇运转正常，通风、除尘系统正常。

（3）角向磨光机等电动设备能正常使用，无漏电、电缆破损等现象。

（4）面罩和护目镜片遮挡严密，无漏光现象；焊接防护服、焊接防护手套及安全防护鞋无破损，能正常使用；防尘口罩可过滤或隔离烟尘和有毒气体。

（5）供气系统各接头连接牢靠，不允许有________________现象；气体纯度符合要求。

三、装配与焊接

1．简述焊接前管子的打磨要求。

2．装配

将管子在管口钳等夹具上固定，错边量 <1 mm，定位焊采用直接点焊法，如图 2-2-6 所示。打底层定位焊是焊缝的一部分，其工艺与正式焊接________。定位焊缝应直接焊在坡口内，分别在焊接时钟 6 点和 3 点位置，定位焊缝长度为 5 ~ 10 mm，高度约 3 mm。定位焊后应仔细检查定位焊缝质量，如发现裂纹、气孔等缺陷，应将定位焊缝清除后再重新进行定位焊，定位焊缝两端应修成________，以便于接头。

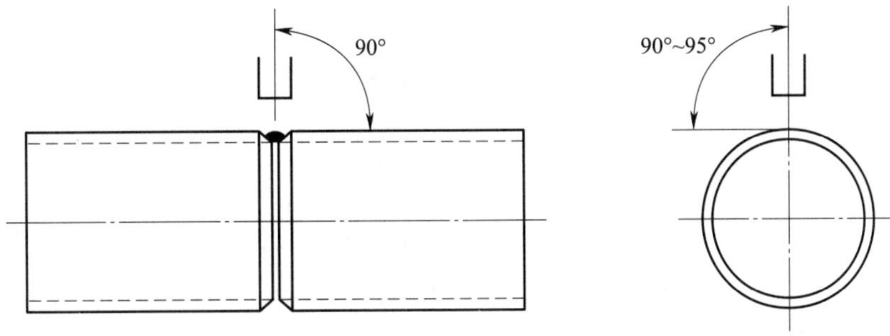

图 2-2-6　定位焊焊枪与焊件角度

根据焊接工艺卡中的装配质量要求，检验已装配完成的管子，并在表 2-2-2 中填写检验结果。

表 2-2-2　管子装配质量检验

序号	检验项目	装配质量要求	检验结果
1	根部间隙	3 mm	
2	错边量	<1 mm	
3	钝边	1 mm	
4	焊缝外观成形	良好	
5	夹渣	不允许	
6	气孔	不允许	
7	焊瘤	不允许	

观看管材清理及装配的教师操作示范，各组做好管材清理工作。

3．焊接

（1）焊接操作要领

管道采用转动焊接，相当于平焊。手工转动时，每次焊接 1/4 圈（一般可以从焊接时钟 1：30 焊到 10：30），最多转动三次后完成焊接，如图 2-2-7 所示。

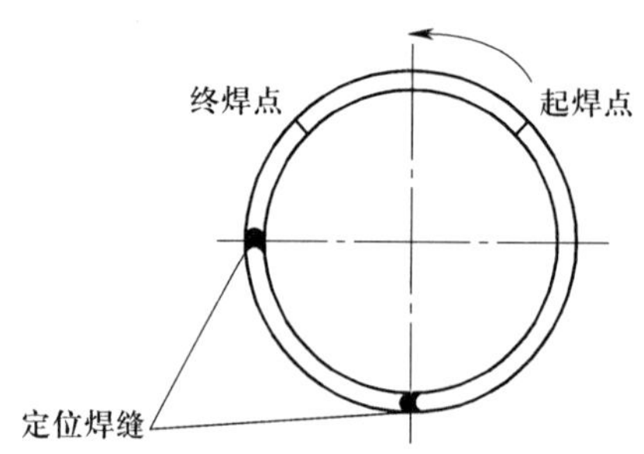

图 2-2-7　管道转动焊位置

1）打底层焊接。在坡口面上引弧后开始焊接，焊枪做小幅锯齿形或斜圆圈形摆动，只要两侧母材金属熔化即可继续进行焊接，当摆至坡口两侧时稍作停留。焊枪运动方式如图 2-2-8 所示。

图 2-2-8　焊枪运动方式

a）锯齿形　b）斜圆圈形

在焊接过程中，焊丝端部应始终停留在熔池前端（位于整个熔池的 1/3 处）。焊枪向上移动要均匀，速度要与熔池的凝固速度一致，要注意焊枪的角度随着钢管的弯曲而变化，焊枪角度变化如图 2-2-9 所示。

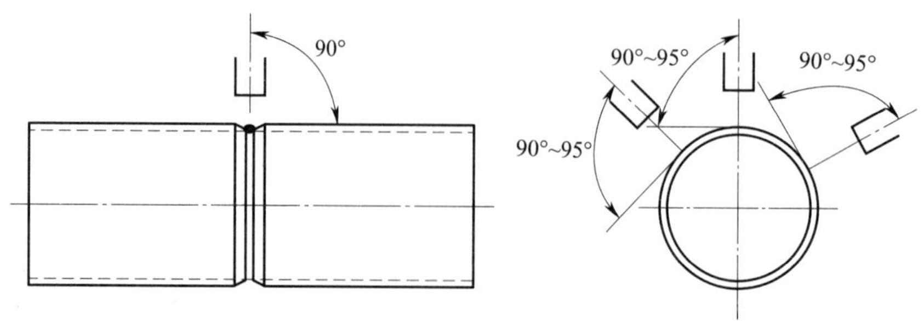

图 2-2-9　焊枪角度变化

管子转动前，应先将前焊道始焊点、终焊点清理干净，用砂轮将其打磨成缓坡状。在缓坡处开始焊接，可在准备开始焊接处前 5 mm 引弧，引弧后迅速将电弧拉长，通过拉长电弧看清开始焊接处，然后按正常焊接手法使焊枪做小锯齿形摆动焊接。收弧时，在封闭接头中焊过缓坡状接头区。

2）盖面层焊接。盖面层焊接前，应将打底层焊道的焊渣清理干净，可以用角向磨光机打磨焊道与坡口面之间的接合处。盖面层焊接的手法与打底层焊接相同，焊枪做锯齿形或斜圆圈形运动，在熔池中间摆动速度要快，焊枪的横向摆动幅度要稍大，摆至坡口两侧时要稍作停留，封闭接头方法与打底层焊接一致。

焊接完成后对焊缝区域进行清理，清除焊渣、飞溅物等。

（2）观看管道对接水平转动药芯焊丝 CO_2 气体保护焊教师操作示范，选用合适的焊接参数，分组进行焊接技能练习。

四、检验

1．各组分工合作，将每名组员的焊接外观质量检验结果填入技能鉴定评分表（表 2–2–3）中，分别计算自检得分、小组检验得分和教师检验得分，填入表 2–2–4 中。

表 2–2–3　技能鉴定评分表

序号	考核内容	考核要点	配分	评分标准	检测结果	扣分
1	焊前准备	着装符合要求，工具及安全防护用品准备齐全，参数设置、设备调试正确	5	着装不符合要求，工具及安全防护用品不齐全，参数设置、设备调试不正确，一项不正确扣 1 分		
2	焊接操作	焊件固定的空间位置符合要求	10	焊件固定的空间位置超出规定范围，扣 10 分		
3	外观质量	焊缝表面不允许有焊瘤、气孔、烧穿、夹渣等缺陷	10	出现任何一项缺陷，该项不得分		
		焊缝咬边	10	（1）咬边深度≤ 0.5 mm 时，每 5 mm 扣 1 分，累计长度超过焊缝有效长度的 15% 时，扣 10 分 （2）咬边深度 >0.5 mm 时，扣 10 分		
		未焊透	10	（1）未焊透深度≤ 15%δ 且≤ 1.5 mm 时，累计长度超过焊缝有效长度的 10% 时，扣 10 分 （2）未焊透深度 >1.5 mm 时，扣 10 分		
		背面凹坑	5	（1）深度≤ 20%δ 且≤ 2 mm 时，累计长度超过有效长度的 10% 时，扣 5 分 （2）深度 >2 mm 时，扣 5 分		
		焊缝余高、焊缝宽度及宽度差	10	焊缝余高为 0 ~ 3 mm，焊缝宽度比坡口每侧增宽 0.5 ~ 2.5 mm，宽度差≤ 3 mm，一项尺寸超标扣 2 分，扣满 10 分为止		
		错边量≤ 10%δ	5	超差不得分		

续表

序号	考核内容	考核要点	配分	评分标准	检测结果	扣分
4	内部质量	X 射线探伤	30	根据 GB/T 9444—2019，SM001 级、LM001 级、AM001 级为满分，每降一级扣 5 分，扣完为止		
5	其他	安全文明生产	5	设备复原，工具摆放整齐，清理焊件，打扫场地，关闭电源，一处不符合要求扣 1 分		
6	定额	操作时间		每超过 1 min 从总分中扣 2 分		
合计（自检）			100	总得分		

注：焊缝出现裂纹、未熔合缺陷；焊接时间超过时间定额的 50%；焊缝原始表面破坏。若有以上情形之一，直接判定为不合格。

表 2-2-4　　检验结果

检验方式	自检（10%）	小组检验（40%）	教师检验（50%）	总分
得分				

2．按照世界技能大赛外观检验和内部质量检验标准进行评分，将评分结果填入表 2-2-5、表 2-2-6 中。

表 2-2-5　　评分表 1（世界技能大赛国内选拔赛用）

序号	分值	评分内容	要求	实测值 / 结果	得分
1	0.5	对接焊缝咬边或未焊透是否在允许范围内	是 / 否		
		允许最大咬边深度为 0.5 mm			
		不允许有未焊透			
2	0.5	对接焊缝余高是否在允许范围内	是 / 否		
		允许余高 ≤ 2.5 mm 且同一道焊缝的变化范围 ≤ 1.5 mm			
3	0.5	对接焊缝宽度是否均匀一致	是 / 否		
		允许宽度差 ≤ 2 mm			
4	0.4	对接焊缝是否有电弧擦伤	是 / 否		
5	0.5	盖面和根部焊道表面无打磨痕迹			
6	0.5	对接焊缝根部凹陷是否在允许范围内，允许最大值为 0.5 mm	是 / 否		
		若熔透率 <100% 此项不得分			
7	0.5	对接焊缝根部凸度是否在允许范围内，允许最大值为 2 mm	是 / 否		
		若熔透率 <100% 此项不得分			
总分		3.4 分	实际得分		

表 2-2-6　　评分表 2（世界技能大赛国内选拔赛用）《金属熔化焊焊接接头射线照相》（GB/T 3323—2005）

序号	分值	评分内容	要求	实测值 / 结果	得分
1	7	A 级：无缺陷	按等级		
2	5	B 级：焊缝内无裂纹、未熔合和未焊透			
3	3	C 级：焊缝内无裂纹、未熔合以及双面焊和加垫板的单面焊中的未焊透。不加垫板的单面焊中的未焊透允许长度按条状夹渣长度的Ⅲ级评定			
4	1	D 级：焊缝缺陷超过 C 级			

3．总结子活动 1 的学习心得，字数不少于 200 字。

五、子活动学习评价

根据子活动 1 的学习过程，完成本学习活动的评价，将评价结果填入表 2-2-7 中。

表 2-2-7　　子活动评价表

子活动名称：低合金钢管对接水平转动 CO_2 气体保护焊　　小组名称：________　　组员姓名：________

评价项目		评价内容	评价依据	评价方式			权重	得分小计	总分
				自我评价	小组评价	教师评价			
				10%	40%	50%			
关键能力	社会能力	安全、文明操作	操作规范、安全				10%		
		团队协作能力	分工明确、互相配合				10%		
		沟通表达能力	仪容仪表、演示发言				10%		
	方法能力	信息处理能力	工作小结				10%		
		学习能力	工作页完成情况				10%		
专业能力		焊接质量	评分表				50%		
指导教师综合评价		指导教师签名：　　日期：							

注：自我评价、小组评价、教师评价均采用百分制。

子活动 2　低合金钢管对接垂直固定 CO_2 气体保护焊

低合金钢管对接垂直固定药芯焊丝 CO_2 气体保护焊是钢管横位焊接，焊接操作手法与钢板横位对接相似。该位置焊接在工业生产中较为常见，焊接难度一般。钢管对接垂直固定焊接技能是完成管道焊接任务的必备技能。

焊工需要从焊件图中读取相关信息，并按照焊接工艺卡规定的焊接参数进行焊接。

一、焊件图与焊接工艺卡

1．焊件图（图 2–2–10）

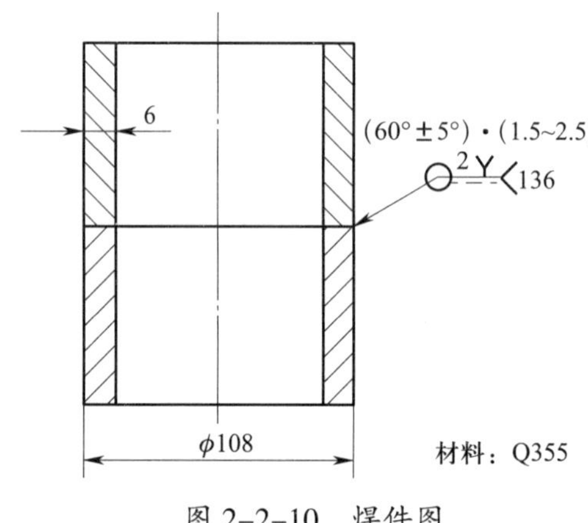

图 2–2–10　焊件图

如图 2–2–10 所示，管子的材料为______________，规格为________________ mm。

“(60°±5°)·(1.5~2.5) 2Y 136”表示母材开________形坡口，坡口角度为_______，钝边为_____ mm，根部间隙为_______ mm，其中“136”表示焊接方法为____________________________________。

2．焊接工艺卡

低合金钢管对接垂直固定 CO_2 气体保护焊焊接工艺卡见表 2–2–8。

表 2–2–8　焊接工艺卡

工程名称	低合金钢管对接垂直固定 CO_2 气体保护焊			工艺卡编号		01	
材质	Q355	规格	φ 108 mm × 6 mm	焊接方法	药芯焊丝 CO_2 气体保护焊	焊工资格	特种作业操作证
焊评编号	无		无损检测	按《承压设备无损检测　第 2 部分：射线检测》（NB/T 47013.2—2015），采用检测比例为 100% 的 RT 检测		合格等级	Ⅱ级

续表

适用范围	管道对接垂直固定焊缝						
焊接层次	焊接电流 /A	电弧电压 /V	CO_2 气体流量 /（L/min）	焊丝型号	焊丝直径 /mm	焊丝伸出长度 /mm	电源极性
定位焊	160 ~ 180	21 ~ 23	15 ~ 18	E501T-1	1.2	15 ~ 20	直流反接
1	160 ~ 180						
2	170 ~ 190						
坡口尺寸及熔敷图	h_2　h_1　1　2　c　60°±5°　6 c：坡口侧增宽 2 ~ 3 mm h_1、h_2：在 0 ~ 3 mm 范围内取值	焊接技术要求	1．按圆周方向在管子 V 形坡口均布 2 ~ 3 处定位焊点，每处定位焊缝长度为 5 ~ 10 mm，厚度应不超过 3 mm，定位焊缝两端修成斜坡状，以便于接头 2．管子定位焊应采用与正式焊接相同的焊接方法和焊接材料，焊丝型号为 E501T-1，CO_2 气体纯度≥ 99.5% 3．焊接过程中不准改变焊接位置 4．焊接完毕，应认真清理管子表面的焊渣、飞溅物等，不能破坏焊缝的原始表面 5．所有对接焊缝均需进行射线探伤和水压试验检测				

从焊接工艺卡中可以看出，焊缝分________层________道焊接，定位焊缝共有________处，每处长度为________mm，焊后需经______________探伤，合格等级为________级，焊缝余高为________mm。

二、焊前准备

1．分别填写表 2-2-9 ~表 2-2-13 中焊接所需的设备、工具、材料、安全防护用品和检测工具清单。

表 2-2-9　　设备清单

序号	设备名称	牌号、型号或规格	数量	备注
1				
2				
3				
4				
5				
6				

表 2-2-10　　工具清单

序号	工具名称	数量	备注
1			
2			
3			
4			
5			
6			
7			
8			
9			

表 2-2-11　　材料清单

序号	材料名称	牌号、型号或规格	数量	备注
1				
2				
3				

表 2-2-12　　安全防护用品清单

序号	安全防护用品名称	数量	备注
1			
2			
3			
4			
5			
6			
7			

表 2-2-13　　检测工具清单

序号	检测工具名称	数量	备注
1			
2			
3			
4			

2．简述焊前各安全检查项目的要求。

（1）场地：

（2）设备：

（3）工具：

（4）夹具：

（5）安全防护用品：

（6）气体及供气系统：

三、装配与焊接

1．装配

将坡口及管子内、外两侧各 20 ~ 30 mm 范围内打磨干净，露出金属光泽后，把管子在管口钳等夹具上固定，错边量 <1 mm。定位焊焊枪与焊件角度如图 2–2–11 所示，采用直接定位焊法。打底层定位焊是焊缝的一部分，用焊接工艺卡规定的焊丝和焊接参数进行焊接。定位焊缝应直接焊在坡口内，分别在焊接时钟 9 点和 3 点处焊两点，定位焊缝长度为 5 ~ 10 mm，高度约 3 mm，无裂纹、气孔等缺陷，将合格的定位焊缝两端打磨成斜坡状。定位焊后应仔细检查焊缝质量，如果发现裂纹、气孔等缺陷，应将定位焊缝清除后再重新进行定位焊。

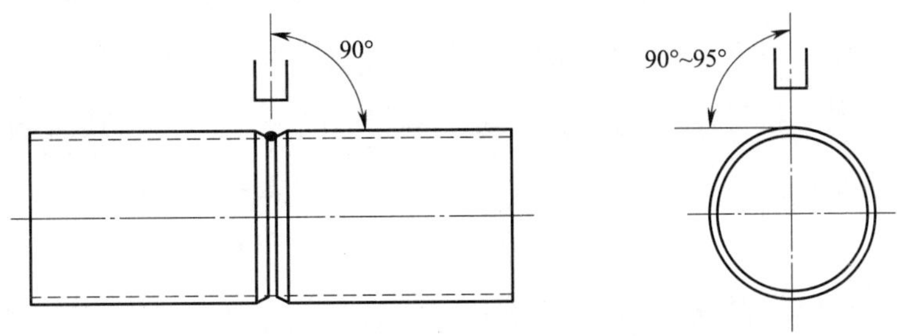

图 2–2–11　定位焊焊枪与焊件角度

根据焊接工艺卡中的装配质量要求，检验已装配完成的管子，并在表 2–2–14 中填写检验结果。

表 2–2–14 管子装配质量

序号	检验项目	装配质量要求	检验结果
1	根部间隙	3 mm	
2	错边量	<1 mm	
3	钝边	1 mm	
4	焊缝外观成形	良好	
5	夹渣	不允许	
6	气孔	不允许	
7	焊瘤	不允许	

2．焊接

将焊接时钟 6 点位置作为起焊点，焊接时钟 3 点、9 点位置作为终焊点。焊接时，将整个焊件以垂直中心线（焊接时钟 0 点和 6 点连线）分为两个半周，以焊接时钟 6 点到 0 点（逆时针）为前半周，另一半（顺时针）为后半周。焊枪角度如图 2–2–12 所示。

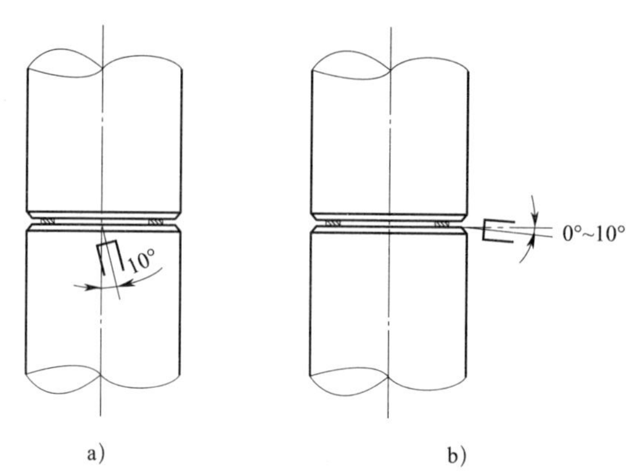

图 2–2–12 焊枪角度

a) 起焊点 b）终焊点

（1）打底层焊接

在焊接时钟 6 点位置后 5 ~ 10 mm 处坡口面上引弧后开始焊接，焊枪做小幅度斜锯齿形或斜圆圈形摆动，只要看见两侧母材金属熔化即可继续进行焊接，当摆动到坡口两侧时稍作停留。焊接过程遇到定位焊缝时不要停止焊接，采用正常焊接手法且焊接速度比正常焊接速度快一些，在到达定位焊缝末端时稍作停留，然后按正常焊接方法焊接即可。

（2）盖面层焊接

开始焊接盖面层前，先将打底层焊道的焊渣和飞溅物清理干净，可用角向磨光机打磨焊道与坡口面之间的接合处，将焊道高出部分打磨掉。在焊道距离坡口棱边 2 mm 左右，盖面层焊接采取一层一道方式完成。

焊枪角度和姿势与打底层焊接时一样，焊枪做斜锯齿形或斜圆圈形摆动，焊道边缘呈直线。焊接完成后对焊缝区域进行清理，清除焊渣和飞溅物等。

（3）观看管子垂直固定药芯焊丝 CO_2 气体保护焊视频和教师操作示范，选用合适的焊接参数，分组进行焊接技能练习。

3．填写表 2–2–15 焊后清理内容及要求。

表 2–2–15　焊后清理内容及要求

序号	内容	要求
1		
2		
3		
4		
5		

四、检验

1．焊接质量检验包括外部质量检验和内部质量检验两方面。焊后外观质量检验可借助焊接检验尺、低倍放大镜、标准样板、手电筒和量规等检验工具，检验焊接接头的形状、尺寸和缺陷等。各组分工合作，将每名组员的焊接外观质量检验结果填入技能鉴定评分表（表 2–2–16）中，分别计算自检得分、小组检验得分和教师检验得分，填入表 2–2–17 中。

表 2–2–16　技能鉴定评分表

序号	考核内容	考核要点	配分	评分标准	检测结果	扣分
1	焊前准备	着装符合要求，工具及安全防护用品准备齐全，参数设置、设备调试正确	5	着装不符合要求，工具及安全防护用品不齐全，参数设置、设备调试不正确，一项不正确扣 1 分		
2	焊接操作	焊件固定的空间位置符合要求	10	焊件固定的空间位置超出规定范围，扣 10 分		
3	外观质量	焊缝表面不允许有焊瘤、气孔、烧穿、夹渣等缺陷	10	出现任何一项缺陷，该项不得分		

续表

序号	考核内容	考核要点	配分	评分标准	检测结果	扣分
3	外观质量	焊缝咬边	10	（1）咬边深度≤ 0.5 mm 时，每 5 mm 扣 1 分，累计长度超过焊缝有效长度的 15% 时，扣 10 分 （2）咬边深度 >0.5 mm 时，扣 10 分		
		未焊透	10	（1）未焊透深度≤ 15%δ 且≤ 1.5 mm 时，累计长度超过焊缝有效长度的 10% 时，扣 10 分 （2）未焊透深度 >1.5 mm 时，扣 10 分		
		背面凹坑	5	（1）深度≤ 20%δ 且≤ 2 mm 时，累计长度超过有效长度的 10% 时，扣 5 分 （2）深度 >2 mm 时，扣 5 分		
		焊缝余高、焊缝宽度及宽度差	10	焊缝余高为 0 ~ 3 mm，焊缝宽度比坡口每侧增宽 0.5 ~ 2.5 mm，宽度差≤ 3 mm，一项尺寸超标扣 2 分，扣满 10 分为止		
		错边量≤ 10%δ	5	超差不得分		
4	内部质量	X 射线探伤	30	根据 GB/T 9444—2019，SM001 级、LM001 级、AM001 级为满分，每降一级扣 5 分，扣完为止		
5	其他	安全文明生产	5	设备复原，工具摆放整齐，清理焊件，打扫场地，关闭电源，一处不符合要求扣 1 分		
6	定额	操作时间		每超过 1 min 从总分中扣 2 分		
合计（自检）			100	总得分		

注：焊缝出现裂纹、未熔合缺陷；焊接时间超过时间定额的 50%；焊缝原始表面破坏。若有以上情形之一，直接判定为不合格。

表 2-2-17　　检验结果

检验方式	自检（10%）	小组检验（40%）	教师检验（50%）	总分
得分				

2．按照世界技能大赛外观检验和内部质量检验标准进行评分，将评分结果填入表 2-2-18、表 2-2-19 中。

表 2-2-18　　评分表 1（世界技能大赛国内选拔赛用）

序号	分值	评分内容	要求	实测值 / 结果	得分
1	0.5	对接焊缝咬边或未焊透是否在允许范围内	是 / 否		
		允许最大咬边深度为 0.5 mm			
		不允许有未焊透			

续表

序号	分值	评分内容	要求	实测值 / 结果	得分
2	0.5	对接焊缝余高是否在允许范围内	是 / 否		
		允许余高 ≤ 2.5 mm 且同一道焊缝的变化范围 ≤ 1.5 mm			
3	0.5	对接焊缝宽度是否均匀一致	是 / 否		
		允许宽度差 ≤ 2 mm			
4	0.4	对接焊缝是否有电弧擦伤	是 / 否		
5	0.5	盖面和根部焊道表面无打磨痕迹			
6	0.5	对接焊缝根部凹陷是否在允许范围内，允许最大值为 0.5 mm	是 / 否		
		若熔透率 <100% 此项不得分			
7	0.5	对接焊缝根部凸度是否在允许范围内，允许最大值为 2 mm	是 / 否		
		若熔透率 <100% 此项不得分			
总分		3.4 分	实际得分		

表 2-2-19　评分表 2（世界技能大赛国内选拔赛用）《金属熔化焊焊接接头射线照相》（GB/T 3323—2005）

序号	分值	评分内容	要求	实测值 / 结果	得分
1	7	A 级：无缺陷	按等级		
2	5	B 级：焊缝内无裂纹、未熔合和未焊透			
3	3	C 级：焊缝内无裂纹、未熔合以及双面焊和加垫板的单面焊中的未焊透。不加垫板的单面焊中的未焊透允许长度按条状夹渣长度的Ⅲ级评定			
4	1	D 级：焊缝缺陷超过 C 级			

3．总结子活动 2 的学习心得，字数不少于 200 字。

五、子活动学习评价

根据子活动 2 的学习过程，完成本学习活动的评价，将评价结果填入表 2–2–20 中。

表 2–2–20　　　　子活动评价表

子活动名称：低合金钢管对接垂直固定 CO_2 气体保护焊　　小组名称：__________　　组员姓名：__________

<table>
<tr><th colspan="2" rowspan="3">评价项目</th><th rowspan="3">评价内容</th><th rowspan="3">评价依据</th><th colspan="3">评价方式</th><th rowspan="3">权重</th><th rowspan="3">得分小计</th><th rowspan="3">总分</th></tr>
<tr><th>自我评价</th><th>小组评价</th><th>教师评价</th></tr>
<tr><th>10%</th><th>40%</th><th>50%</th></tr>
<tr><td rowspan="5">关键能力</td><td rowspan="3">社会能力</td><td>安全、文明操作</td><td>操作规范、安全</td><td></td><td></td><td></td><td>10%</td><td rowspan="3"></td><td rowspan="6"></td></tr>
<tr><td>团队协作能力</td><td>分工明确、互相配合</td><td></td><td></td><td></td><td>10%</td></tr>
<tr><td>沟通表达能力</td><td>仪容仪表、演示发言</td><td></td><td></td><td></td><td>10%</td></tr>
<tr><td rowspan="2">方法能力</td><td>信息处理能力</td><td>工作小结</td><td></td><td></td><td></td><td>10%</td><td rowspan="2"></td></tr>
<tr><td>学习能力</td><td>工作页完成情况</td><td></td><td></td><td></td><td>10%</td></tr>
<tr><td colspan="2">专业能力</td><td>焊接质量</td><td>评分表</td><td></td><td></td><td></td><td>50%</td><td></td></tr>
<tr><td colspan="2">指导教师综合评价</td><td colspan="8">指导教师签名：　　　　　　　　　　日期：</td></tr>
</table>

注：自我评价、小组评价、教师评价均采用百分制。

子活动 3　低合金钢管相贯线 CO_2 气体保护焊

管径不同的管子插接形成相贯线。相贯线焊缝的焊接可视为板与板之间的角接，焊接难度较低，该焊接技能是完成燃气管道焊接的必备技能之一。

有三个开口的管接头称为三通，三通具有主管和在主管一侧垂直于主管与主管连通的支管。

按照管径分类，三通可分为同径三通和异径三通，同径三通的主管和支管管径________，异径三通的支管管径________主管管径。按照支管形式分类，三通可分为正三通和斜三通，如图 2–2–13 和图 2–2–14 所示，正三通就是支管垂直于主管的三通，斜三通就是支管与主管有一定____________的三通。

图 2-2-13　正三通

图 2-2-14　斜三通

焊制三通具有制作工艺简单、节省材料等特点，在生产过程中被广泛使用。在压力管道安装中，经常采用的焊制三通一般可分为 ________ 和 ________ 两类，其结构如图 2-2-15 所示。

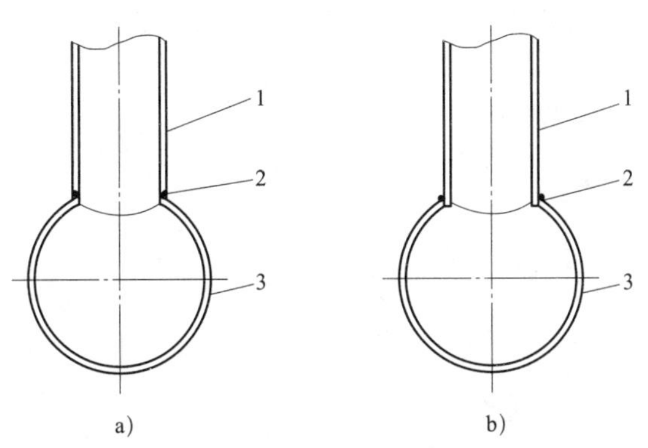

图 2-2-15　焊制三通示意图

a）骑座式　b）插入式

1—支管　2—焊缝　3—主管

根据三通的结构形式，骑座式三通在下料时应在__________上加工坡口，插入式三通在下料时应在__________上加工坡口。

一、焊件图与焊接工艺卡

1．焊件图（图 2-2-16）

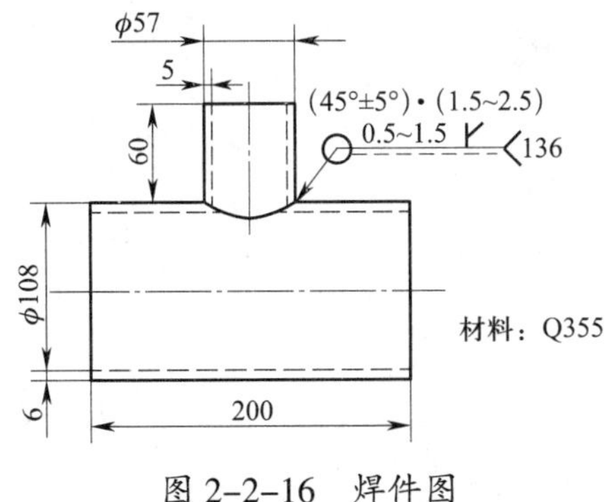

图 2-2-16　焊件图

如图 2-2-15 所示，管子的材料为____________，坡口角度为____________，钢管规格为____________ mm 和____________ mm。

“(45°±5°)·(1.5~2.5) ○ ≥3 ⊬ <136”表示接头为__________焊缝，坡口角度为__________，其中“136”表示焊接方法为__________，“≥ 3”表示焊缝________________，“○”表示________________。

2．焊接工艺卡

低合金钢管相贯线 CO_2 气体保护焊焊接工艺卡见表 2-2-21。

表 2-2-21　　焊接工艺卡

<table>
<tr><td>工程名称</td><td colspan="3">低合金钢管相贯线 CO_2 气体保护焊</td><td colspan="2">工艺卡编号</td><td colspan="2">01</td></tr>
<tr><td>材质</td><td>Q355</td><td>规格</td><td>ϕ108 mm × 6 mm、ϕ57 mm × 5 mm</td><td>焊接方法</td><td>药芯焊丝 CO_2 气体保护焊</td><td>焊工资格</td><td>特种作业操作证</td></tr>
<tr><td>焊评编号</td><td colspan="2">无</td><td>无损检测</td><td colspan="2">按《承压设备无损检测　第 2 部分：射线检测》（NB/T 47013.2—2015），采用检测比例为 100% 的 PT 检测</td><td>合格等级</td><td>Ⅱ级</td></tr>
<tr><td colspan="3">适用范围</td><td colspan="5">正交插接相贯线焊缝</td></tr>
<tr><td>焊接层次</td><td>焊接电流 /A</td><td>电弧电压 /V</td><td>CO_2 气体流量 /（L/min）</td><td>焊丝型号</td><td>焊丝直径 / mm</td><td>电源极性</td><td>焊丝伸出长度 /mm</td></tr>
<tr><td>定位焊</td><td>170 ~ 180</td><td rowspan="3">21 ~ 23</td><td>15 ~ 18</td><td rowspan="3">E501T-1</td><td rowspan="3">1.2</td><td rowspan="3">直流反接</td><td rowspan="3">15 ~ 20</td></tr>
<tr><td>1</td><td>170 ~ 180</td><td>15 ~ 18</td></tr>
<tr><td>2</td><td>180 ~ 190</td><td>15 ~ 18</td></tr>
<tr><td>坡口尺寸及熔敷图</td><td colspan="3">焊缝宽度在坡口侧增宽约 1 mm</td><td>焊接技术要求</td><td colspan="3">（1）按圆周方向在管子单边 V 形坡口均布 3 处定位焊点，每处定位焊缝长度为 10 ~ 15 mm，要求焊透，不得有气孔、夹渣、未焊透等缺陷。定位焊缝两端修成斜坡状，以便于接头
（2）管子定位焊应采用与正式焊接相同的焊接方法和焊接材料，焊丝型号为 E501T-1，CO_2 气体纯度≥ 99.5%
（3）管子焊接时，焊缝高度不限，焊接过程中不准改变焊接位置
（4）焊接完毕，应认真清理管子表面的焊渣、飞溅物等，不能破坏焊缝的原始表面
（5）所有对接焊缝均需进行的渗透探伤</td></tr>
</table>

从焊接工艺卡中可以看出，焊缝分__________层__________道焊接，定位焊缝共有________处，每处长度为________ mm，焊后需经____________探伤，合格等级为________级，焊脚尺寸为________ mm。

两个不同直径的圆管相交，在相交形体表面形成的表面交线就是相贯线。两根异径管垂直相交时，相贯线为____。

此次焊接采用插入式结构。焊接时，两根管子正交插接，________水平固定并开孔和坡口，____________垂直插入。

二、焊前准备

查阅资料，判断正误，正确的在括号中打“√”，错误的打“×”。

1. CO_2 气体保护焊的弧光强度低于焊条电弧焊。（　　）
2. CO_2 气体有毒。（　　）
3. 药芯焊丝 CO_2 气体保护焊属于气渣联合保护，熔池表面覆有熔渣。（　　）
4. 药芯焊丝 CO_2 气体保护焊飞溅少，且颗粒细，容易清理。（　　）
5. 焊前应检查焊割场地周围 5 m 范围内，各类可燃、易爆物品是否清理干净。（　　）
6. CO_2 气体在电弧高温作用下分解为碳和氧气，具有强烈的氧化性，会使铁及合金元素氧化烧损。（　　）

三、装配与焊接

1. 装配

将坡口侧和支管焊接处 20 ~ 30 mm 范围内打磨干净，露出金属光泽后，把管子用夹具和定位器进行固定，定位焊应采用药芯焊丝 CO_2 气体保护焊工艺，选用焊接工艺卡规定的焊丝和焊接参数进行焊接。定位焊缝应直接焊在坡口内，焊 3 点，定位焊缝长度为 10 ~ 15 mm，高度约 3 mm，无裂纹、气孔等缺陷，将合格的定位焊缝两端打磨成斜坡状。

根据焊接工艺卡中的装配质量要求，检验已完成的装配管子，并在表 2-2-22 中填写检验结果。

表 2-2-22　管子装配质量

序号	检验项目	装配质量要求	检验结果
1	根部间隙	3 mm	
2	错边量	<1 mm	
3	钝边	1 mm	
4	焊缝外观成形	良好	
5	夹渣	不允许	
6	气孔	不允许	
7	焊瘤	不允许	

2．焊接

（1）焊接操作要领

1）打底层焊接。分两个半圈焊接打底层，在图 2–2–17a 中的 1 位置起弧，沿着 1—2—3 的顺序焊接，焊枪角度如图 2–2–17b 所示，焊枪与焊点切线处成 90° 角。在坡口面上引弧后开始焊接，焊枪做小幅锯齿形或斜圆圈形摆动，只要看见两侧母材金属熔化即可继续进行焊接，当摆至两侧时稍作停留。焊完前半圈后继续焊后半圈。打底层焊接后，焊缝距离主管坡口棱边留有 1 ~ 2 mm 的余量。

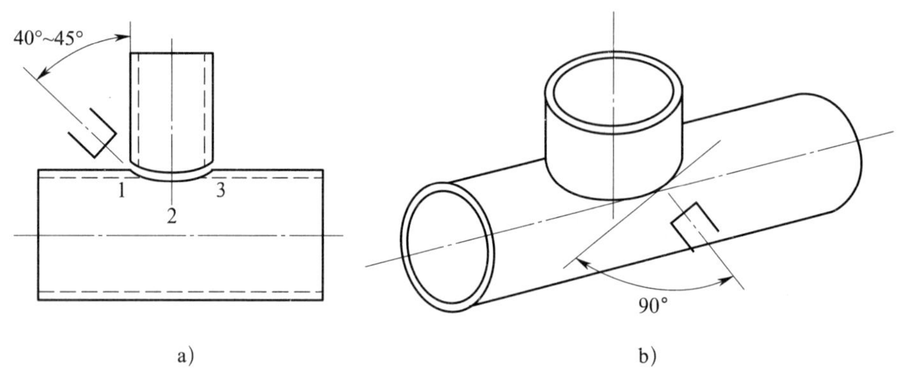

图 2–2–17　焊枪角度

2）盖面层焊接。焊接盖面层前，应将打底层焊道的焊渣清理干净。盖面层只焊一道，焊接顺序、焊枪角度等与焊接打底层一致，焊枪摆动的幅度加大。焊接盖面层时，熔池下沿超过管子坡口棱边 1 mm。焊缝在支管侧的焊脚尺寸达到 3 mm 以上。

（2）观看管子相贯线药芯焊丝 CO_2 气体保护焊教师操作示范，小组合作选用合适的焊接参数，分组进行焊接技能练习。

3．对照“6S”管理规定的要求，简述焊后整理要点。

四、检验

1．焊接质量检验包括外部质量检验和内部质量检验两方面。焊后外观质量检验可借助焊接检验尺、低倍放大镜、标准样板、手电筒和量规等检验工具，检验焊接接头的形状、尺寸和缺陷等。各组分工合作，将每名组员的焊接外观质量检验结果填入技能鉴定评分表（表 2–2–23）中，分别计算自检得分、小组检验得分和教师检验得分，填入表 2–2–24 中。

表 2-2-23　　技能鉴定评分表

序号	考核内容	考核要点	配分	评分标准	检测结果	扣分
1	焊前准备	着装符合要求，工具及安全防护用品准备齐全，参数设置、设备调试正确	5	着装不符合要求，工具及安全防护用品不齐全，参数设置、设备调试不正确，一项不正确扣 1 分		
2	焊接操作	焊件固定的空间位置符合要求	10	焊件固定的空间位置超出规定范围，扣 10 分		
3	外观质量	焊缝表面不允许有焊瘤、气孔、烧穿、夹渣等缺陷	15	出现任何一项缺陷，该项不得分		
		焊缝咬边	10	（1）咬边深度≤ 0.5 mm 时，每 5 mm 扣 1 分，累计长度超过焊缝有效长度的 15% 时，扣 10 分 （2）咬边深度 >0.5 mm 时，扣 10 分		
		焊缝凹凸度差	10	凹凸度差≤ 1.5 mm 时，不扣分 凹凸度差 >1.5 mm 时，扣 10 分		
		焊脚尺寸	5	小于 3 mm 扣 5 分		
		两管之间夹角为 90° ±2°	10	超差不得分		
4	宏观金相检验	未焊透深度	10	（1）未焊透深度≤ 15% δ 时，每 5 mm 扣 1 分，扣完为止 （2）未焊透深度 >15% δ 时，扣 10 分		
		条状缺陷	10	（1）最大尺寸≤ 1.5 mm 且数量不多于 1 个时，不扣分 （2）最大尺寸 >1.5 mm 或数量多于 1 个时，扣 10 分		
		点状缺陷	10	（1）点数≤ 6 个时，每个扣 1 分，扣完为止 （2）点数 >6 个时，扣 10 分		
5	其他	安全文明生产	5	设备复原，工具摆放整齐，清理焊件，打扫场地，关闭电源，一处不符合要求扣 1 分		
6	定额	操作时间		每超过 1 min 从总分中扣 2 分		
合计			100	总得分		

注：焊缝出现裂纹、未熔合缺陷；焊接时间超过时间定额的 50%；焊缝原始表面破坏。若有以上情形之一，直接判定为不合格。

表 2-2-24　　检验结果

检验方式	自检（10%）	小组检验（40%）	教师检验（50%）	总分
得分				

2．按照世界技能大赛角焊缝检测标准进行评分，将评分结果填入表 2–2–25 中。

表 2–2–25　　评分表（世界技能大赛国内选拔赛用）

序号	分值	评分内容	要求	实测值 / 结果	得分
1	1.4	焊脚尺寸是否符合图样规定	是 / 否		
2	0.5	是否有超标咬边，允许最大深度为 0.5 mm	是 / 否		
3	0.5	是否有电弧擦伤	是 / 否		
总分		2.4 分	实际得分		

3．总结子活动 3 的学习心得，字数不少于 200 字。

五、子活动学习评价

根据子活动 3 的学习过程，完成本学习活动的评价，将评价结果填入表 2–2–26 中。

表 2–2–26　　子活动评价表

子活动名称：低合金钢管相贯线 CO_2 气体保护焊　　小组名称：＿＿＿＿＿＿　　组员姓名：＿＿＿＿＿＿

评价项目		评价内容	评价依据	评价方式			权重	得分小计	总分
				自我评价	小组评价	教师评价			
				10%	40%	50%			
关键能力	社会能力	安全、文明操作	操作规范、安全				10%		
		团队协作能力	分工明确、互相配合				10%		
		沟通表达能力	仪容仪表、演示发言				10%		
	方法能力	信息处理能力	工作小结				10%		
		学习能力	工作页完成情况				10%		
专业能力		焊接质量	评分表				50%		

续表

指导教师 综合评价	 指导教师签名：　　　　　　　　　　　　日期：

注：自我评价、小组评价、教师评价均采用百分制。

子活动 4　学习活动评价

根据学习活动 2 的学习过程，完成本学习活动的评价，将评价结果填入表 2–2–27 中。

表 2–2–27　　学习活动评价表

学习活动名称：技能准备　小组名称：____________　组员姓名：____________

评价项目		评价内容	低合金钢管对接水平转动 CO_2 气体保护焊		低合金钢管对接垂直固定 CO_2 气体保护焊		低合金钢管相贯线 CO_2 气体保护焊		总分
			权重：30%		权重：35%		权重：35%		
			小分	得分小计	小分	得分小计	小分	得分小计	
关键能力	社会能力	安全、文明操作							
		团队协作能力							
		沟通表达能力							
	方法能力	信息处理能力							
		学习能力							
专业能力		焊接质量							
指导教师综合评价		指导教师签名：　　　　　　　　　　　　日期：							

学习活动3　制 订 计 划

学习目标

1. 能读懂管道图样和焊接工艺文件，明确工作任务、技术要求和质量标准。

2. 能通过技术交底和有效沟通，明确管道的焊接方法、焊接顺序、质量控制关键点、特殊要求和质量检验方法等，确定焊接缺陷的预防和控制措施。

3. 能根据供氩管道焊接工艺文件，完成工作计划的编写和审定。

学习活动描述

工作计划是依据燃气管道的焊接特点对工作过程的梳理和整体安排。通过对工作计划的编制和审定，明确燃气管道焊接的各环节及其工艺过程。

子活动与建议课时

子活动 1　工作计划的编写（3 学时）

子活动 2　工作计划的审定（2 学时）

子活动 3　学习活动评价（1 学时）

建议学时：6 学时。

学习准备

资料与材料：工作页、技术标准、技术文件和专业书籍等。

设备与工具：计算机等。

子活动 1　工作计划的编写

焊接结构从原材料到成品需要经过检验、下料、装配、焊接、检验等多个环节。完成管道焊接这一工作任务需要工程技术人员对管道焊接的各环节做好规划和安排。

一、管道生产加工流程

1．填写图 2–3–1 所示管道焊接主要加工流程中的加工步骤。

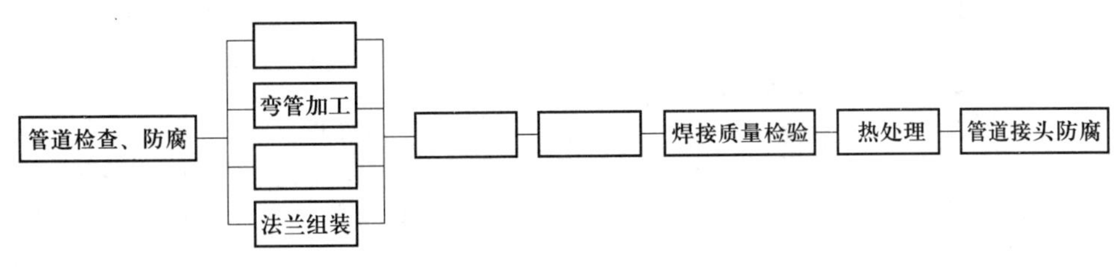

图 2–3–1　管道焊接主要加工流程

2．管道材料在使用前应按国家有关标准和设计文件的规定核对其________________，结果应符合设计文件和相应产品标准的规定。材料标识应清晰、完整，并应能追溯到产品质量证明文件。

3．金属管在切割下料后，若需在其材料特性允许范围内进行弯曲，可以在允许范围内进行________________或________________。

二、编写工作计划

1．结合学习活动 1 和学习活动 2，回答下列问题。

（1）简述本学习任务的生产工艺过程。

（2）在完成本学习任务时，各小组分别需要做哪些工作?

2．各小组编写一份简易版的技术交底文件，并派代表进行展示说明。

3．根据管道焊接加工流程及具体工作内容，各组成员相互交流，明确各环节的工作要求、负责人和用时，编写小组工作计划并填入表 2–3–1 中。

表 2–3–1　　　　　　　　　　　　管道焊接工作计划

小组名称：________________________　　　　　　日期：_______年_____月_____日

序号	工作内容	工作要求	负责人	用时

子活动 2　工作计划的审定

工作计划的审定是对初定计划的审核与确定。对初定计划进行讨论、分析，去除不合理、不正确的内容，优化各小组的工作计划。

一、工作计划的展示与审核

1．各小组展示工作计划，派代表简述编写内容和依据。

2．审核各组工作计划，分析其中存在的问题，提出意见或建议，并填入表 2–3–2 中。

表 2–3–2　　工作计划问题记录表

小组名称：________________　　日期：______年____月____日

序号	存在问题	修改意见

二、修改与确定工作计划

1．根据各组审核意见和教师点评，对工作计划进行修改和完善。

2．将修改后的工作计划填入表 2–3–3 中。

表 2–3–3　　管道焊接工作计划

小组名称：________________　　日期：______年____月____日

序号	工作内容	工作要求	负责人	用时

子活动 3　学习活动评价

根据学习活动 3 的学习过程，完成本学习活动的评价，将评价结果填入表 2–3–4 中。

表 2–3–4　　学习活动评价表

学习活动名称：制订计划　　小组名称：________　　组员姓名：________

<table>
<tr><th colspan="2" rowspan="3">评价项目</th><th rowspan="3">评价内容</th><th rowspan="3">评价依据</th><th colspan="3">评价方式</th><th rowspan="3">权重</th><th rowspan="3">得分小计</th><th rowspan="3">总分</th></tr>
<tr><th>自我评价</th><th>小组评价</th><th>教师评价</th></tr>
<tr><th>10%</th><th>40%</th><th>50%</th></tr>
<tr><td rowspan="5">关键能力</td><td rowspan="3">社会能力</td><td>团队协作能力</td><td>分工明确、互相配合</td><td></td><td></td><td></td><td>20%</td><td rowspan="3"></td><td rowspan="6"></td></tr>
<tr><td>沟通表达能力</td><td>仪容仪表、课堂发言</td><td></td><td></td><td></td><td>20%</td></tr>
<tr><td>问题解决能力</td><td>能否发现存在的问题，并提出解决方法</td><td></td><td></td><td></td><td>10%</td></tr>
<tr><td rowspan="2">方法能力</td><td>信息处理能力</td><td>工作小结</td><td></td><td></td><td></td><td>20%</td><td rowspan="2"></td></tr>
<tr><td>学习能力</td><td>工作页完成情况</td><td></td><td></td><td></td><td>10%</td></tr>
<tr><td colspan="2">专业能力</td><td>工作计划编写能力</td><td>工艺过程的正确性、完整性</td><td></td><td></td><td></td><td>20%</td><td></td></tr>
<tr><td colspan="2">指导教师综合评价</td><td colspan="8">

指导教师签名：　　　　　　　　日期：</td></tr>
</table>

学习活动4　任务实施

学习目标

1. 能根据工作计划完成管道焊接前各项准备工作。

2. 能根据焊接工艺文件进行管道装配，并确认装配质量是否符合要求。

3. 能根据管道的结构和焊接变形特点，确定合理的预防焊接变形的措施。

4. 能严格执行焊接工艺文件，熟练运用药芯焊丝 CO_2 气体保护焊方法完成管道焊接。

5. 能解决管道焊接工作过程中的常见问题。

学习活动描述

通过前面的技能学习和工作准备活动，掌握了管道对接垂直固定焊缝和管道相贯线焊缝药芯焊丝 CO_2 气体保护焊的技能和方法后，严格按照焊接工艺文件中的焊接参数完成管道焊接。

子活动与建议课时

子活动 1　焊前准备（2 学时）

子活动 2　装配与焊接（17 学时）

子活动 3　学习活动评价（1 学时）

建议学时：20 学时。

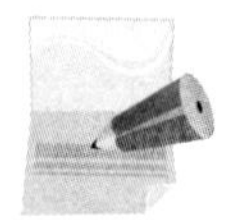

学习准备

资料与材料：工作页、技术标准、技术文件、专业书籍、管材、药芯焊丝、CO_2 气体（纯度≥ 99.5%）等。

设备与工具：计算机、CO_2 气体保护焊设备、焊接辅助工具和夹具、通风及除尘设备等。

子活动 1　焊 前 准 备

供氩管道焊前准备主要有焊接设备、材料、工具和场地准备及焊前安全检查等内容，焊工需要做好个人安全防护，以保障焊接顺利实施。

一、焊接设备、材料和工具

填写表 2–4–1 中焊前准备所需材料清单。

表 2–4–1　焊前准备所需材料清单

焊接设备	
母材	
焊接材料	
安全防护用品	
焊接辅助工具	
测量工具	

二、安全检查

1．将焊前检查项目的序号填入对应的括号内，并完成相应的安全及设备检查。

（1）周围 10 m 范围内无易燃、易爆物品，焊接场地面积≥ 4 m^2 且照明良好。（　　）

（2）无破损、裸露现象。（　　）

（3）调节功能正常，各参数可正常调节。（　　）

（4）能正常使用，电动装置无漏电、电缆破损现象。（　　）

（5）装夹牢固，电动装置无漏电现象。（　　）

（6）能转动，焊枪正常出丝。（　　）

（7）面罩和护目镜遮挡严密，无漏光现象；焊接防护服、焊接防护手套及安全防护鞋无破损，能正常使用；防尘口罩可过滤或隔离烟尘和有毒气体。（　　）

A．电缆　　　　B．夹具

C．安全防护用品　　D．工具

E．场地　　F．控制面板

G．送丝机构

2．焊前需对________________和设备等进行安全检查，并填写安全检查表（表 2-4-2）。

表 2-4-2　安全检查表

检查项目	检查情况	解决措施	注意事项
一次线连接情况			
二次线连接情况			
控制面板调节功能			
焊枪情况			
焊接功能			
供气系统			
冷却系统			
场地安全			

三、母材和焊材准备

1．简述管了坡口清理要求。

2．简述供氩管道焊接前焊材的准备要求。

四、检查

完成管道各项焊前准备工作并对准备工作进行检查，将检查结果填入表 2-4-3 中。

表 2–4–3　　焊前准备工作完成情况

序号	检查项目	完成情况
1	焊接场地	
2	焊接设备	
3	焊接夹具及辅助工具	
4	焊接材料	
5	个人安全防护用品	

子活动 2　装配与焊接

装配与焊接是供氩管道焊接中最主要的施工环节。装配质量的高低影响焊接工作能否顺利进行，焊接参数的选择和焊接操作手法决定着焊接质量的好坏。

一、管道装配

1．对照管道焊接工艺卡，将焊接参数填写在表 2–4–4 和表 2–4–5 中。

表 2–4–4　　低合金钢管对接垂直固定 CO_2 气体保护焊焊接参数

焊接层次	焊接电流 /A	电弧电压 /V	CO_2 气体流量 /（L/min）	焊丝型号	焊丝直径 /mm	焊丝伸出长度 /mm
定位焊	160 ~ 180	21 ~ 23	15 ~ 18	E501T–1	1.2	15 ~ 20
1	160 ~ 180					
2	170 ~ 190					

表 2–4–5　　低合金钢管相贯线 CO_2 气体保护焊焊接参数

焊接层次	焊接电流 /A	电弧电压 /V	CO_2 气体流量 /（L/min）	焊丝型号	焊丝直径 /mm	焊丝伸出长度 /mm
定位焊	170 ~ 180	21 ~ 23	15 ~ 18	E501T–1	1.2	15 ~ 20
1	170 ~ 180					
2	180 ~ 190					

2．装配时，管子中心线对正，内、外壁要齐平，避免产生错位现象。根据焊接工艺卡装配管子，检查装配质量，记录错边量和装配间隙值。错边量为________mm，装配间隙值为________mm。

3．定位焊缝焊接

（1）对接焊缝定位焊缝需____________点，相贯线焊缝定位焊缝需____________点，定位焊缝长度为________ mm，高____________ mm。定位焊采用平位焊接，要求单面焊双面成形。

（2）开机后，在焊机上调试焊接参数，直接进行定位焊。

（3）定位焊缝焊接完成后，清理好焊缝表面，检查定位焊缝质量，对不合格的定位焊缝进行修补，并填写定位焊缝质量检验表，见表 2–4–6。

表 2–4–6 定位焊缝质量检验表

序号	检验项目	质量要求	检验结果
1	对接焊缝根部间隙	3 mm	
2	对接焊缝错边量	<1 mm	
3	钝边	1 mm	
4	焊缝外观成形	良好	
5	夹渣	不允许	
6	气孔	不允许	
7	焊瘤	不允许	

（4）用砂轮机将定位焊缝两侧打磨成__________状，为接头创造条件，防止接头未焊透。

二、管道焊接

在规定的位置固定装配好管道，调节焊接参数，进行管道对接焊缝和相贯线焊缝的焊接，各组在表 2–4–7 中记录焊接时的主要焊接参数。

表 2–4–7 管道主要焊接参数

焊接层次		焊接电流 /A	电源极性	气体流量 /（L/min）	电弧电压 /V
对接焊缝	1				
	2				
相贯线焊缝	1				
	2				

三、焊后清理与检验

1．各小组清理好焊缝表面，互相配合完成焊缝自检和他检，将检测结果记录在表 2–4–8 和表 2–4–9 中。

表 2–4–8 管道对接焊缝检测记录表

检查项目	检验方法及工具	检测要求	自检检测值	他检检测值
焊缝宽度差	焊接检验尺和钢直尺	≤ 2 mm		
焊缝余高	焊接检验尺和钢直尺	0 ~ 3 mm		
焊缝余高差	焊接检验尺和钢直尺	≤ 2 mm		
咬边	低倍放大镜、钢直尺	无		
夹渣	低倍放大镜	无		

续表

检查项目	检验方法及工具	检测要求	自检检测值	他检检测值
气孔	低倍放大镜	无		
未焊透	低倍放大镜、钢直尺	无		
裂纹	低倍放大镜	无		
焊缝表面成形	低倍放大镜	波纹均匀、美观		

表 2-4-9　　管道相贯线焊缝检测记录表

检查项目	检验方法及工具	检测要求	自检检测值	他检检测值
焊脚尺寸	焊接检验尺和钢直尺	≥ 3 mm		
焊缝宽度差	焊接检验尺和钢直尺	≤ 2 mm		
焊缝凸度	焊接检验尺和钢直尺	0 ~ 3 mm		
焊缝凸度差	焊接检验尺和钢直尺	≤ 2 mm		
咬边	低倍放大镜、钢直尺	无		
夹渣	低倍放大镜	无		
气孔	低倍放大镜	无		
未焊透	低倍放大镜、钢直尺	无		
裂纹	低倍放大镜	无		
焊缝表面成形	低倍放大镜	波纹均匀、美观		

2．在表 2-4-10 中记录供氩管道焊接过程中出现的质量问题并提出合理的解决方案。

表 2-4-10　　焊接过程中存在的问题及解决方案

质量问题	解决方案

3．各小组根据“6S”管理规定的要求，整理好焊接场地、设备和工具。

子活动 3　学习活动评价

根据学习活动 4 的学习过程，完成本学习活动的评价，将评价结果填入表 2–4–11 中。

表 2–4–11　　学习活动评价表

学习活动名称：任务实施　小组名称：________　组员姓名：________

<table>
<tr><th colspan="2" rowspan="3">评价项目</th><th rowspan="3">评价内容</th><th rowspan="3">评价依据</th><th colspan="3">评价方式</th><th rowspan="3">权重</th><th rowspan="3">得分小计</th><th rowspan="3">总分</th></tr>
<tr><th>自我评价</th><th>小组评价</th><th>教师评价</th></tr>
<tr><th>10%</th><th>40%</th><th>50%</th></tr>
<tr><td rowspan="5">关键能力</td><td rowspan="4">社会能力</td><td>安全、文明操作</td><td>操作规范、安全</td><td></td><td></td><td></td><td>10%</td><td rowspan="3"></td><td rowspan="7"></td></tr>
<tr><td>团队协作能力</td><td>分工明确、互相配合</td><td></td><td></td><td></td><td>10%</td></tr>
<tr><td>沟通表达能力</td><td>仪容仪表、演示发言</td><td></td><td></td><td></td><td>10%</td></tr>
<tr><td>问题解决能力</td><td>问题解决方法</td><td></td><td></td><td></td><td>10%</td><td rowspan="2"></td></tr>
<tr><td>方法能力</td><td>学习能力</td><td>工作页完成情况</td><td></td><td></td><td></td><td>10%</td></tr>
<tr><td colspan="2" rowspan="2">专业能力</td><td>装配质量</td><td>评分表</td><td></td><td></td><td></td><td>15%</td><td rowspan="2"></td></tr>
<tr><td>焊接质量</td><td>评分表</td><td></td><td></td><td></td><td>35%</td></tr>
<tr><td colspan="2">指导教师综合评价</td><td colspan="8">指导教师签名：　　　　日期：</td></tr>
</table>

学习活动 5　焊接质量检验与返修

学习目标

1. 能熟知供氩管道验收标准。

2. 能正使用焊缝测量工具进行管道焊缝外观质量检测并记录数据。

3. 能明确无损检测的常用方法及其在管道焊接质量检测中的应用。

4. 能明确渗透探伤的原理、特点和评判标准，能读懂射线探伤评级报告。

5. 能读懂焊缝返修通知单，明确返修要求，清除焊接缺陷。

6. 能根据返修工艺完成供氩管道的返修。

学习活动描述

焊接质量检验是对焊接质量进行检测和评定，是确保焊接质量是否过关的主要措施。依据检测结果对不合格产品制定返修工艺，焊工根据返修工艺进行返修，从而保证燃气管道焊接任务的完成。

子活动与建议课时

子活动 1　焊接质量检验（2 学时）

子活动 2　缺陷返修（4 学时）

子活动 3　学习活动评价（1 学时）

建议学时：7 学时。

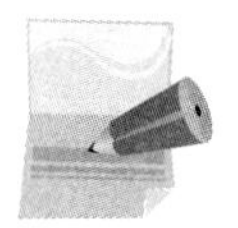

学习准备

资料与材料：工作页、技术标准、技术文件、专业书籍等。

设备与工具：计算机、焊接检验尺、钢直尺、放大镜、渗透探伤工具等。

子活动 1　焊接质量检验

焊接质量检验是发现焊接缺陷、避免发生安全事故的主要措施。根据检验部位，焊接质量检验可分为外观质量检验和内部质量检验；根据是否对焊接接头造成破坏，可分为破坏性检验和无损检测。

一、管道焊接缺陷

阅读下列文字，查阅资料并回答问题。

按照焊接缺陷的位置，焊接缺陷可分为表面缺陷和内部缺陷两大类。管道焊接常见的缺陷有尺寸不符合要求、弧坑、裂纹、未熔合、未焊透、咬边、焊瘤、烧穿、气孔、夹渣等。焊缝的外形尺寸一般包括焊缝的外观成形、焊缝的宽度及余高、焊缝的宽度差、焊缝边缘直线度、焊缝表面凹凸差、角焊缝的焊脚尺寸等。

1．常见的管道外部缺陷有____等。

2．焊接接头的外观质量检验主要是发现焊缝表面的缺陷和尺寸上的偏差，一般通过肉眼观察或借助________________________________等工具进行检验。

二、焊接缺陷检验方法

1．无损检测

根据是否对焊接接头造成破坏，焊接检验方法可分为破坏性检验和无损检测两类。查阅资料，回答下列问题。

（1）(　　) 是非破坏性检验。

A．超声波探伤　　　　B．弯曲试验

C．硬度试验　　　　D．拉伸试验

（2）磁粉探伤适用于检验（　　）的表面和近表面的缺陷。

A．钢　　　　B．铁磁性材料

C．塑料　　　　D．陶瓷

（3）在射线探伤胶片上呈略带曲折的、波浪状的黑色细条纹，有时也呈直线状，轮廓较分明，两端较尖细，中部稍宽，基本无分枝，两端黑度较浅的缺陷是（　　）。

A．气孔　　　　B．裂纹

C．未焊透　　　　D．未熔合

（4）（　　）是超声波探伤的优点之一。

A．探伤周期短　　　　B．近表面缺陷不易发现

C．判断缺陷性质直观性差　　　　D．要求有较高的技术水平和工作经验

2．着色探伤

（1）渗透探伤包括＿＿＿＿＿＿和＿＿＿＿＿＿两种方法。

（2）进行荧光探伤时，由于荧光液和显像粉的作用，缺陷处出现强烈的荧光，根据（　　）不同，可以确定缺陷的位置和大小。

A．发光停留的时间　　　　B．光的颜色

C．光的波长　　　　D．发光程度

（3）进行荧光探伤时，由于荧光液和显像粉的作用，缺陷处出现强烈的荧光，根据发光程度不同，可以确定缺陷的（　　）。

A．位置　　　　B．大小　　　　C．类型

D．特征　　　　E．级别

（4）着色探伤常用来发现材料的焊接接头，特别是非磁性材料的（　　）。

A．深层缺陷　　　　B．表面缺陷

C．内部缺陷　　　　D．组织缺陷

（5）着色探伤的基本原理是利用毛细管现象使渗透液渗入表面开口缺陷，经清洗去除表面上多余的渗透剂，而使缺陷中的渗透剂保留，再利用显像剂吸附出缺陷中保留的渗透剂，在显像剂层上显示出缺陷的（　　）。

A．形状　　　　B．大小　　　　C．类型

D．组织　　　　E．级别

（6）着色探伤可以分为＿＿＿＿＿＿＿＿＿＿＿＿＿＿＿＿＿＿＿＿＿＿＿＿＿＿＿＿＿＿＿＿＿＿＿＿＿＿步骤。

3．在班级范围内组建质量检查组，查阅标准，对供氩管道的焊缝进行相应的检测，并将检测数据记录在表 2–5–1 和表 2–5–2 中。

表 2–5–1　　管道对接焊缝检测记录表

检查项目	检验方法及工具	检测要求	检测值	处理措施
焊缝宽度差	焊接检验尺和钢直尺	≤ 2 mm		
焊缝余高	焊接检验尺和钢直尺	0 ~ 3 mm		
焊缝余高差	焊接检验尺和钢直尺	≤ 2 mm		

续表

检查项目	检验方法及工具	检测要求	检测值	处理措施
咬边	低倍放大镜、钢直尺	无		
夹渣	低倍放大镜	无		
气孔	低倍放大镜	无		
未焊透	低倍放大镜、钢直尺	无		
裂纹	低倍放大镜	无		
焊缝表面成形	低倍放大镜	波纹均匀、美观		

表 2-5-2　　管道相贯线焊缝检测记录表

检查项目	检验方法及工具	检测要求	检测值	处理措施
焊脚尺寸	焊接检验尺和钢直尺	12 ~ 15 mm		
焊缝宽度差	焊接检验尺和钢直尺	≤ 2 mm		
焊缝凸度	焊接检验尺和钢直尺	0 ~ 3 mm		
焊缝凸度差	焊接检验尺和钢直尺	≤ 2		
咬边	低倍放大镜、钢直尺	无		
夹渣	低倍放大镜	无		
气孔	低倍放大镜	无		
未焊透	低倍放大镜、钢直尺	无		
裂纹	低倍放大镜	无		
焊缝表面成形	低倍放大镜	波纹均匀、美观		

4．管道内部质量和渗透探伤质量由专门的检验公司进行检验，并给出检验结果。内部质量检验结果为____________级，渗透探伤质量检验结果为____________级。根据管道外观质量检验和内部质量检验结果，判断该管道焊接质量最终结果为________级。

子活动2 缺陷返修

焊接缺陷不仅影响产品的外观，也会影响产品的使用。因此必须将焊接缺陷清除或进行补焊，使焊件达到质量要求。

一、返修通知单

1．焊缝返修通知单见表2–5–3。

表2–5–3 焊缝返修通知单

<table>
<tr><td colspan="10">焊缝返修通知单</td><td colspan="3" rowspan="2">编号：
返修次数：
签发人：</td></tr>
<tr><td>产品名称</td><td colspan="4">××工程供氩管道</td><td colspan="2">产品编号</td><td colspan="3"></td></tr>
<tr><td>材料牌号</td><td colspan="4">施焊单位</td><td colspan="2">厚度</td><td>焊工代号</td><td colspan="4">无损检测方法</td><td>焊接方法</td></tr>
<tr><td>Q355</td><td colspan="4">××管道工程处</td><td colspan="2"></td><td></td><td colspan="4">射线探伤</td><td>药芯焊丝
电弧焊</td></tr>
<tr><td rowspan="5">缺陷
部位</td><td colspan="2">胶片
编号</td><td colspan="2">缺陷
长度</td><td colspan="2">缺陷
性质</td><td>缺陷
位置</td><td colspan="2">评定
级别</td><td colspan="2">检测
日期</td><td>返修
次数</td></tr>
<tr><td colspan="2"></td><td colspan="2"></td><td colspan="2"></td><td></td><td colspan="2"></td><td colspan="2"></td><td></td></tr>
<tr><td colspan="2"></td><td colspan="2"></td><td colspan="2"></td><td></td><td colspan="2"></td><td colspan="2"></td><td></td></tr>
<tr><td colspan="2"></td><td colspan="2"></td><td colspan="2"></td><td></td><td colspan="2"></td><td colspan="2"></td><td></td></tr>
<tr><td colspan="2"></td><td colspan="2"></td><td colspan="2"></td><td></td><td colspan="2"></td><td colspan="2"></td><td></td></tr>
<tr><td>缺陷核实情况
及返修意见</td><td colspan="6">经核实存在缺陷，用砂轮打磨至缺陷清除，按制定的返修工艺进行返修
核实者（签字）：
日期：　　年　　月　　日</td><td>焊接负责人
审批</td><td colspan="5">同意返修

审批（签字）：
日期：　　年　　月　　日</td></tr>
<tr><td rowspan="8">返修
工艺</td><td rowspan="2">焊层</td><td colspan="2" rowspan="2">焊接
方法</td><td colspan="3">焊接材料</td><td rowspan="2">焊接电流/
A</td><td rowspan="2">电弧电压/
V</td><td colspan="2" rowspan="2">焊接速度/
（mm/min）</td><td colspan="2" rowspan="8">返修自检结果：

返修焊工姓名：

返修焊工代号：

返修日期：

自检签字：</td></tr>
<tr><td colspan="2">牌号</td><td>规格/mm</td></tr>
<tr><td></td><td colspan="2"></td><td colspan="2"></td><td></td><td></td><td></td><td colspan="2"></td></tr>
<tr><td></td><td colspan="2"></td><td colspan="2"></td><td></td><td></td><td></td><td colspan="2"></td></tr>
<tr><td></td><td colspan="2"></td><td colspan="2"></td><td></td><td></td><td></td><td colspan="2"></td></tr>
<tr><td></td><td colspan="2"></td><td colspan="2"></td><td></td><td></td><td></td><td colspan="2"></td></tr>
<tr><td></td><td colspan="2"></td><td colspan="2"></td><td></td><td></td><td></td><td colspan="2"></td></tr>
<tr><td></td><td colspan="2"></td><td colspan="2"></td><td></td><td></td><td></td><td colspan="2"></td></tr>
</table>

续表

<table>
<tr><td rowspan="9">施焊记录</td><td rowspan="2">焊层</td><td rowspan="2">焊接
方法</td><td colspan="2">焊接材料</td><td rowspan="2">焊接电流 /
A</td><td rowspan="2">电弧电压 /
V</td><td rowspan="2">焊接速度 /
（mm/min）</td><td rowspan="9">专检检验结果：

专检人员签字：

日期：</td></tr>
<tr><td>牌号</td><td>规格 /mm</td></tr>
<tr><td></td><td></td><td></td><td></td><td></td><td></td><td></td></tr>
<tr><td></td><td></td><td></td><td></td><td></td><td></td><td></td></tr>
<tr><td></td><td></td><td></td><td></td><td></td><td></td><td></td></tr>
<tr><td></td><td></td><td></td><td></td><td></td><td></td><td></td></tr>
<tr><td></td><td></td><td></td><td></td><td></td><td></td><td></td></tr>
<tr><td></td><td></td><td></td><td></td><td></td><td></td><td></td></tr>
<tr><td></td><td></td><td></td><td></td><td></td><td></td><td></td></tr>
<tr><td colspan="9">返修流转程序如下：
一次返修、二次返修：探伤室→检验员→生产车间→焊接工艺员→焊接负责人→焊接工艺员→生产车间→检验员→探伤→归档
三次返修：探伤室→检验员→焊接工艺员→焊接负责人→质量工程师→焊接负责人→焊接工艺员→生产车间→检验员→探伤→归档</td></tr>
</table>

2．焊接缺陷返修有＿＿＿＿＿＿＿＿、＿＿＿＿＿＿＿＿、＿＿＿＿＿＿和＿＿＿＿＿＿等工作环节。

3．管道焊接完成后，由＿＿＿＿＿＿进行无损检测，如发现有超出标准要求的缺陷，由＿＿＿＿＿填写返修通知单，通知＿＿＿＿＿＿进行焊缝返修。缺陷核实后，由＿＿＿＿＿＿＿＿审批完成，才能进行返修。制定返修工艺的工作由＿＿＿＿＿＿完成。返修工艺制定完成后，由＿＿＿＿＿＿＿负责完成焊缝返修工作。进行第三次返修时，需经过＿＿＿＿＿＿批准。

A．检验员　　　　B．焊接负责人

C．焊接工艺员　　D．焊工

E．质量工程师

二、制定返修工艺

1．根据返修通知单提供的缺陷信息，分析焊缝缺陷产生的原因，并简述可采取哪些焊接工艺措施避免该类缺陷的产生。

2．以小组为单位进行讨论，根据供氩管道检验结果完成返修通知单的填写。

3．简述返修前需要做的准备工作。

三、焊缝返修

1．根据焊缝返修通知单上的缺陷部位，可以采用角向磨光机、碳弧气刨等清除缺陷。查阅资料，简述角向磨光机和碳弧气刨清除缺陷的特点。

角向磨光机：

碳弧气刨：

2．根据制定好的返修工艺，进行焊缝返修。补焊的要求同原焊缝________________，要有相应的持证焊工和返修工艺文件。

缺陷清除干净后，要修磨出易于施焊的斜度。

四、检验

1．各小组返修完成后，由小组检验人员填写检测记录表（表 2–5–4）。

表 2–5–4　　管道对接焊缝检测记录表

检查项目	检验方法及工具	检测要求	检测值
焊缝宽度差	焊接检验尺和钢直尺	≤ 2 mm	
焊缝余高	焊接检验尺和钢直尺	0 ~ 3 mm	
焊缝余高差	焊接检验尺和钢直尺	≤ 2 mm	
咬边	低倍放大镜、钢直尺	无	
夹渣	低倍放大镜	无	
气孔	低倍放大镜	无	
未焊透	低倍放大镜、钢直尺	无	
裂纹	低倍放大镜	无	
焊缝表面成形	低倍放大镜	波纹均匀、美观	

2．在表 2–5–5 中记录焊缝缺陷返修过程中出现的质量问题并提出合理的解决方案。

表 2–5–5　　　　焊缝缺陷返修记录表

质量问题	解决方案

子活动 3　学习活动评价

根据学习活动 5 的学习过程，完成本学习活动的评价，将评价结果填入表 2–5–6 中。

表 2–5–6　　　　学习活动评价表

学习活动名称：焊接质量检验与返修　　小组名称：＿＿＿＿＿＿　　组员姓名：＿＿＿＿＿＿

评价项目		评价内容	评价依据	评价方式			权重	得分小计	总分
				自我评价	小组评价	教师评价			
				10%	40%	50%			
关键能力	社会能力	团队协作能力	分工明确、互相配合				10%		
		沟通表达能力	仪容仪表、演示发言				10%		
		问题解决能力	能否发现存在的问题，并提出解决方法				10%		
	方法能力	信息处理能力	返修问题与解决方案				10%		
		学习能力	工作页完成情况				10%		
专业能力		质量检验能力	检验工具的使用和结果判定				25%		
		缺陷返修能力	返修工艺与返修操作				25%		
指导教师综合评价		指导教师签名：　　　　日期：							

学习活动 6　总结与评价

学习目标

1. 能根据学习过程及评价结果进行反思和总结，撰写总结报告并展示。

2. 能根据各学习活动的完成情况对供氩管道焊接的总过程进行评价。

学习活动描述

总结学习活动、展示作品是提升职业成就感的重要途径。评价个人和小组的学习过程，可使学生感受收获与得失，并发现每个人的特长，从而向更高的目标迈进。

子活动与建议课时

子活动 1　工作总结（2 学时）

子活动 2　学习任务评价（1 学时）

建议学时：3 学时。

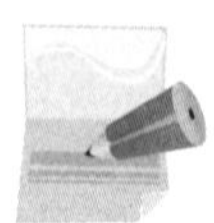

学习准备

资料与材料：工作页、技术标准、技术文件、专业书籍等。

设备与工具：计算机等。

子活动 1　工 作 总 结

在完成供氩管道焊接的过程中，既提升了学生的焊接技能，又培养了学生的交流和团队协作能力等。

一、小组工作总结

以小组为单位汇报本组工作收获及创新情况，结合各小组汇报情况，反思本组工作过程，并填写表 2–6–1。

表 2–6–1　　学习活动总结

内容名称	做得好的方面	存在的问题及分析	解决方法	备注
明确工作任务				
技能准备				
制订计划				
任务实施				
焊接质量检验与返修				
小组心得体会				

二、个人工作总结

撰写学生个人工作总结，字数不少于 500 字。

子活动 2　学习任务评价

供氩管道焊接任务包含明确工作任务、技能准备、制订计划、任务实施、焊接质量检验与返修、总结与评价 6 个学习活动，做好学习任务评价可以培养和提升学生的综合职业能力。

一、填写学习任务评价表（表 2–6–2）

表 2–6–2　　　　学习任务评价表

学习任务名称：供氩管道焊接　　小组名称：__________　　组员姓名：__________

<table>
<tr><td colspan="2" rowspan="3">评价项目</td><td rowspan="3">评价内容</td><td colspan="2">明确
工作任务</td><td colspan="2">技能准备</td><td colspan="2">制订计划</td><td colspan="2">任务实施</td><td colspan="2">焊接质量
检验与返修</td><td rowspan="3">总分</td></tr>
<tr><td colspan="2">权重：10%</td><td colspan="2">权重：30%</td><td colspan="2">权重：20%</td><td colspan="2">权重：30%</td><td colspan="2">权重：10%</td></tr>
<tr><td>小分</td><td>得分
小计</td><td>小分</td><td>得分
小计</td><td>小分</td><td>得分
小计</td><td>小分</td><td>得分
小计</td><td>小分</td><td>得分
小计</td></tr>
<tr><td rowspan="6">关键
能力</td><td rowspan="3">社会
能力</td><td>安全、文明操作</td><td></td><td rowspan="6"></td><td></td><td rowspan="6"></td><td></td><td rowspan="6"></td><td></td><td rowspan="6"></td><td></td><td rowspan="6"></td><td rowspan="6"></td></tr>
<tr><td>团队协作能力</td><td></td><td></td><td></td><td></td><td></td></tr>
<tr><td>沟通表达能力</td><td></td><td></td><td></td><td></td><td></td></tr>
<tr><td rowspan="3">方法
能力</td><td>信息处理能力</td><td></td><td></td><td></td><td></td><td></td></tr>
<tr><td>学习能力</td><td></td><td></td><td></td><td></td><td></td></tr>
<tr><td>外语能力</td><td></td><td></td><td></td><td></td><td></td></tr>
<tr><td colspan="2" rowspan="4">专业能力</td><td>识图能力</td><td></td><td rowspan="4"></td><td></td><td rowspan="4"></td><td></td><td rowspan="4"></td><td></td><td rowspan="4"></td><td></td><td rowspan="4"></td><td rowspan="4"></td></tr>
<tr><td>焊接基础技能</td><td></td><td></td><td></td><td></td><td></td></tr>
<tr><td>管道焊接质量</td><td></td><td></td><td></td><td></td><td></td></tr>
<tr><td>检验与返修能力</td><td></td><td></td><td></td><td></td><td></td></tr>
<tr><td colspan="2">指导教师
综合评价</td><td colspan="12">

指导教师签名：　　　　　　　　　　日期：</td></tr>
</table>

二、学习任务评价结果

根据学习任务评价结果，写一篇专业能力和关键能力提高计划，字数不少于200字。